动物原来是这样
奔跑的健将

陈玉潇 / 编著

上海科学普及出版社

图书在版编目（CIP）数据

奔跑的健将 / 陈玉潇编著. -- 上海：上海科学普及出版社，2015.1

（动物原来是这样）

ISBN 978-7-5427-6132-3

Ⅰ.①奔… Ⅱ.①陈… Ⅲ.①动物—普及读物 Ⅳ.①Q95-49

中国版本图书馆CIP数据核字(2015)第116211号

奔跑的健将

陈玉潇　编著

出版发行：上海科学普及出版社
邮　　编：200070
地　　址：上海市中山北路832号
网　　址：http://www.pspsh.com
经　　销：新华书店
印　　刷：三河市汇鑫印务有限公司
开　　本：720毫米x1000毫米　1/16
印　　张：8
字　　数：100千字
版　　次：2015年1月第1版
印　　次：2015年1月第1次印刷
书　　号：ISBN 978-7-5427-6132-3
定　　价：24.80元

目录

非洲草原的王者——非洲狮 1

心思缜密的杀手——金钱豹 3

"小剑齿虎"——云豹 5

雪中的精灵——雪豹 7

印度的"国兽"——孟加拉虎 10

亚洲的"丛林之王"——东北虎 13

现在唯一仅存岛屿的虎——苏门答腊虎 15

人类看家护院的助手——藏獒 18

天生的军事家——狼 20

生存能力强的"火精灵"——赤狐 24

典型的"山地精灵"——豺 27

狡猾而难缠的家伙——鬣狗 29

动物界的"千里眼"——长颈鹿 31

目录

"森林之舟"——驯鹿 33

神奇的灵兽——麋鹿 35

穿着花衣裳的"鹿姑娘"——梅花鹿 37

爱玩水的"先生"——水鹿 39

野牛中的"美男子"——美洲野牛 41

"高原之舟"——牦牛 44

爱上冷水浴的牛——水牛 46

善于跳跃的"麻羊"——斑羚 48

爱护孩子,不愿拖累种群的"剑客"——剑羚 50

传说中的"神兽"——黑斑羚 52

头戴两把飞刀的羚羊——高角羚 54

"沙漠之舟"——骆驼 56

"斑纹牛羚"——角马 58

目录

中国马业的当家明星——蒙古马 61

反应迅速的"顺风耳"——格氏斑马 64

大胆的"好奇宝宝"——野驴 67

犀牛的亲戚——貘 70

用袋子养孩子的动物——袋鼠 72

陆地上最大的哺乳动物——非洲象 75

忙碌的"收割机"——旅鼠 78

谨慎、有耐心的典范——猞猁 80

会打洞的"小耗子"——非洲狐獴 82

擅于合作又大胆的捕猎高手——蜜獾 85

动物界中的黄半仙——黄鼠狼 87

草原上的猎食专家——斑鬣狗 89

爱"接吻"、擅交流的建造师——土拨鼠 92

目录

扬长避短的机灵鬼——貉 95

调虎离山的高手——壁虎 97

擅长打洞储存食物的动物——穿山甲 99

动物中的硬汉——犀牛 101

拥有金钟罩的逃跑大师——毛丝鼠 104

谨慎小心的动物——象鼩 106

动物界中的哲学家——刺猬 108

尾巴功能非凡的猴子——蜘蛛猴 110

与岩石为伴的动物——岩羊 112

淡定自若的"羊兄弟"——羊驼 114

拥有致命臭腺的飞熊——貂熊 116

警惕性高的变色兔——雪兔 118

随身携带饭盒的模仿达人——金花鼠 120

奔跑的健将

动物档案

非洲狮

类目：哺乳纲食肉目猫科

体长：1~3米

非洲草原的王者

非洲狮体型硕大，体色多样，但主要以浅黄棕色为主。雄狮长着漂亮有些夸张的鬃毛。非洲狮是群居动物，而且群体意识非常强，它们之间能够和睦相处。在狮群里，分工明确，头领雄狮负责保护领地，不受其他狮群的侵犯，其他雄狮负责保护雌狮和幼狮。非洲狮白天卧在树荫下休息。其奔跑速度很快，视觉发达，能够在很远的地方发现猎物，并且花费很多的时间等待良机，耐性很好。

● 我是领地的守护者

为了整个领地的安全，为了家族的兴旺，雄狮成年之后，就会毅然离开母亲的怀抱，做家族出色的瞭望者，担负起守护领地的职责。当发现危险的状况时，雄狮就会发出大声的咆哮，让狮群及时得到消息。雌狮子们便会在雄狮子的警示声中将小狮子一个个叼走，迅速转移到安全的地方。

动物原来是这样

● 这是我的地盘，不要靠近

雄狮主要通过咆哮和尿液气味标记领地。它们一般在晚间狩猎前与黎明醒来开始活动之前咆哮一番。雄狮会将尿液排在灌木丛、树丛、地上，或者经常行走的通道上，用这些刺激性气味的标记宣示它们的领地范围。雄狮有的时候也会将自己的粪便涂抹在灌木丛上作为标记。若是遇到不速之客，雄狮就会用咆哮声警告来者："不要擅入，否则格杀勿论！"

● 狮群成员共同围攻猎物群

非洲狮在追捕猎物群的时候，常常是团体作战。狮群成员分散开围成一个扇形对猎物进行围攻，把它们困在中间，然后从各个方向接近，伺机在被围的兽群惊慌奔突时，找准一个倒霉的家伙下手，这样就大大提高了捕猎成功的几率。

奔跑的健将

动物档案

金钱豹

类目：哺乳纲食肉目猫科

体长：1～3米

心思缜密的杀手

金钱豹的头圆，耳朵小，四肢健壮，爪子锐利而具有伸缩性，尾巴长。全身为棕黄色，布满黑褐色金钱花斑。金钱豹最喜欢的运动主要有三种：奔跑、跳高和攀爬，是动物界的"全能运动员"。

● 我的住宅你找不到

很多人都知道金钱豹生活在低山、丘陵或者高山丛林中，但是很少有人能准确地找到它们巢穴的具体位置。也是，这是"私人空间"怎么能让他人随便窥视呢？那它们是怎么建巢的呢？原来，它们在动工之前，会用很长一段时间考察自己活动范围内的地理情况，然后选择一个最为隐蔽的地方，再动手为自己建造舒适的住宅。

● 我的食物要在树上享用

草原上几乎难逢对手的金钱豹依然小心翼翼，生怕有一点差池，毕竟自己还是会遇到危险的，比如老虎、狮子等过来和它抢食物，这样就麻烦了。为了将危险降到最低，金钱豹每一次捕杀到食物之后，都会先将食物拖到高高的树上面，然后再慢慢享用，即使放上半天也不会担心有别的动物来抢。

动物原来是这样

● 母豹换住所，更好地保护小豹

　　金钱豹虽然是捕猎能手，但是强中还有强中手，金钱豹会受到狮子的攻击，甚至连猎狗也会袭击它们，不过遇到这些危险的大多数是三个月以前出生的小金钱豹，它们那个时候并不具有保护自己的能力，特别是在母豹外出捕食的时候，它们便会成了大型食肉动物眼中的美食。为了应对这样的情况，母豹就会时常更换它们的住所，以便更好地保护小金钱豹。

奔跑的健将

动物档案

云豹

类目：哺乳纲食肉目猫科

体长：70~110厘米

"小剑齿虎"

云豹的身上布满了灰色或黑色的斑点，体色为金黄色，覆盖有大块的深色云状斑纹。四肢短而粗壮，尾巴长而粗，爪子很大。但犬齿锋利，能够轻而易举地杀死比它还要强壮的动物。云豹看似生性喜静，但你千万不要被它欺骗，它可是一个凶狠残暴的角色，经常捕食小动物。

● 演技高超，迷惑猎物

云豹即使发现猎物，也不会轻举妄动，而是蹑手蹑脚，轻轻爬上树，然后倒挂在树上缓缓地向猎物移动，肚皮朝上，像表演杂技一般。而且它们的眼中一点儿杀气也没有，反而清纯得要命。所以，很多猎物即使发现了它在靠近，也没有意识到危险，而是听之任之。等到时机成熟，云豹就会纵身一跃，狠狠地咬住猎物的喉管，将猎物杀死。云豹凭借自己高超的演技，一次又一次地猎得美食归。

● 打不过你，我就闪

云豹也有天敌，比如狮子、老虎等更为凶猛的肉食动物。在双方发生争斗的时候，云豹遵循的是三十六计的最后一计：走为上计。打不过，我跑还不行？跟着来吧，我跑你追，等到速度达到一定程度的时候,一个漂亮的急速漂移,将对手远远甩在后面,之后迅速逃离现场,悠哉悠哉地走了。凭借惊人的"武功",云豹成功甩掉了一个个对手。

● 守株待兔,轻易将你拿下

云豹一旦发现猎物进入了自己的视线,就会目不转睛地盯着猎物的一举一动,然后慢慢抬起身子,不敢有过大的动作,否则树枝产生"吱吱呀呀"的声音,猎物就会发觉而逃走,所以一定要小心再小心。之后,云豹非常轻盈地缓缓地俯下身子,尾巴伸直,眼睛注视着猎物的方向,保持好平衡度,已经离猎物越来越近了,云豹做好准备,"噌"地一声从树上跃下,轻松地将猎物伏在了自己的身下,这下云豹又可以好好地美餐一顿了。

奔跑的健将

雪豹

类目：哺乳纲食肉目猫科

体长：1～2米

雪中的精灵

雪豹身体粗壮，毛发厚密，灰白色的毛发上点缀着很多黑色的斑点和黑环。雪豹的脚大，脚掌可以减轻压力，让它在雪地上行走自如。

● 边走边扫，不留下痕迹

雪豹长着一条蓬松而肥大的尾巴，这条尾巴可是雪豹的秘密武器。为什么这样说呢？因为雪豹每一次外出，都会一边捕食，一边用自己的尾巴清扫走过的足迹，虽然雪豹是雪山上的王者，但还是小心为妙，不给敌人任何可乘之机，这就是为什么雪豹的行踪诡秘的原因。

● 我不是胆小，而是珍惜生命

别看雪豹平时对待猎物心狠手辣，凶狠残暴，一副不可侵犯的王者姿态，然而，一旦遇到比自己强大的对手，它们马上就会收起那不可一世的嘴脸，变得乖巧而谨慎，甚至有的时候还会装出一副胆怯的样子，却在暗地里寻找逃跑的时机。雪豹之所以这么做，不是因为它们胆小，不敢同敌人拼个一二，而是它们珍惜生命，在打不过对手时，明智地选择逃跑。

动物原来是这样

- **我很聪明，都是为了生存**

雪豹从来不与猎物正面发生冲突，每一次捕食时，都会先藏起来，或者将身体蜷缩起来隐藏在岩石中间，等着猎物自投罗网。一旦有猎物靠近，它们就会突然袭击，将其拿下，然后美美地饱餐一顿。不要说雪豹奸诈，这只是它们为了更好地生存而采取的对策而已。

奔跑的健将

● 我的家有厚厚的毛层，是最温暖的

雪豹的家既宽敞又暖和，地上附有厚厚的毛层。脱毛是雪豹最喜欢的事情了，因为它们可以为自己添上新的被褥，如果仍感觉不够舒适，它们还会将动物的毛皮带回来，铺在地上取暖，这样就感觉舒适多了。雪豹从来都不会亏待自己，在如此寒冷的雪山上，要是把自己冻坏了是很不划算的。

动物原来是这样

动物档案

孟加拉虎

类目：哺乳纲食肉目猫科

体长：1~3米

印度的"国兽"

孟加拉虎体形大，毛发较短且少，毛色呈杏黄色，身上有较窄的黑色条纹。头部条纹较多，腹部呈白色。攻击性很强，时常捕食各种动物。喜欢在夜晚捕食，等待猎物的出现，瞄准猎物的咽喉，一击即中。孟加拉虎的力气很大，能够打倒大型猎物使其窒息。它食量大，饱餐一顿后可以几天不进食。

● 天气热怎么办？游泳啊

很多动物都非常讨厌夏季的到来，因为夏季太炎热了。但是，孟加拉虎却一点儿也不发愁，原来，它们有自己的降温小绝招——时不时来个冷水浴。因此，我们常常可以看到孟加拉虎在水中游来游去，并且还与水中的小鱼儿们嬉戏。这种明智的选择不仅让它们免受炎热天气的折磨，而且还增加了休闲娱乐的项目，可谓一举两得。

● 我的虎爪很厉害，平常要保护

孟加拉虎在平时走路的时候会将虎爪缩进皮肤的皱褶里，以防在走路的过程中，虎爪被地面长期磨损而变钝。孟加拉虎如果没有了锋利的虎爪，那么，它们在捕捉猎物或者爬树的时候就会变得非常迟

奔跑的健将

钝。所以，孟加拉虎的虎爪只有在必须用到的时候才会露出来，在搏斗的过程中，狠狠地镶嵌入猎物的身体甚至内脏中，使猎物无法挣扎。

动物原来是这样

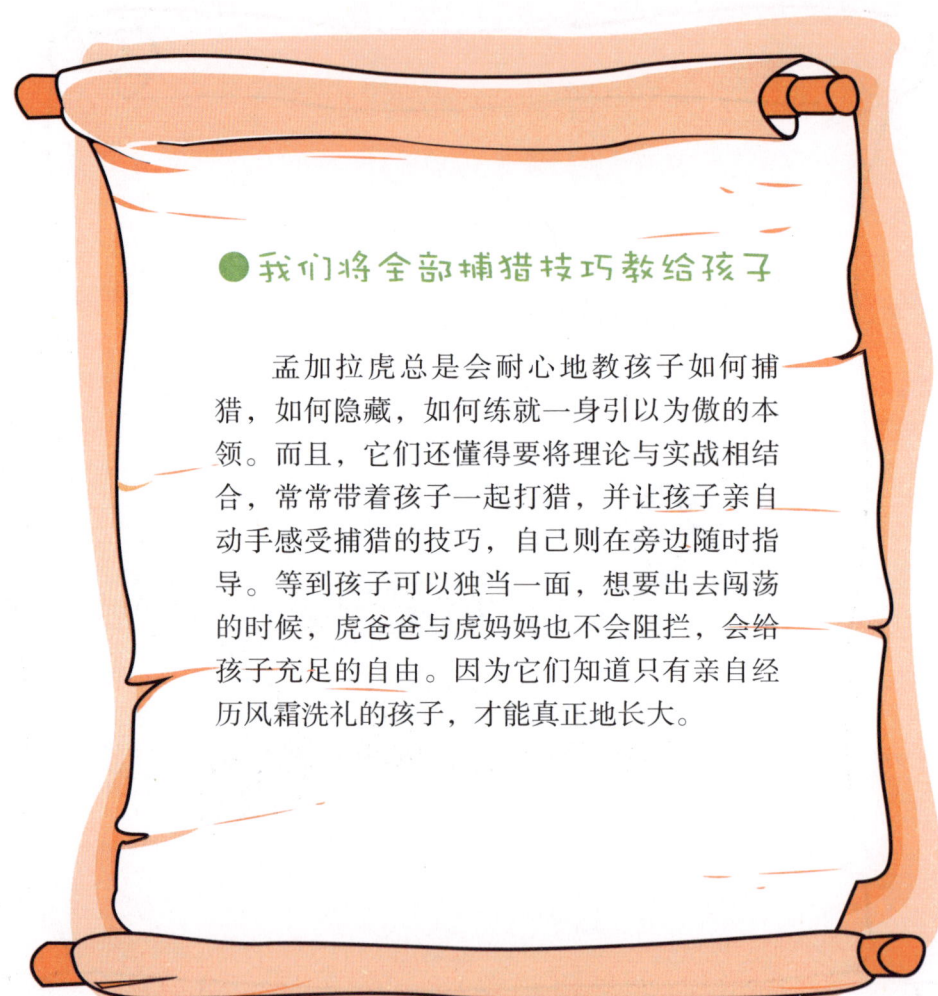

● 我们将全部捕猎技巧教给孩子

　　孟加拉虎总是会耐心地教孩子如何捕猎，如何隐藏，如何练就一身引以为傲的本领。而且，它们还懂得要将理论与实战相结合，常常带着孩子一起打猎，并让孩子亲自动手感受捕猎的技巧，自己则在旁边随时指导。等到孩子可以独当一面，想要出去闯荡的时候，虎爸爸与虎妈妈也不会阻拦，会给孩子充足的自由。因为它们知道只有亲自经历风霜洗礼的孩子，才能真正地长大。

奔跑的健将

东北虎

类目：哺乳纲食肉目猫科

体长：1～3米

亚洲的"丛林之王"

东北虎头大而圆，额头上有黑色横纹，背部和身体侧部具有多条黑色窄条纹。它性格凶猛，感觉敏锐，身手敏捷，擅长爬树、游泳；有着锋利的虎爪和犬齿，能撕碎任何猎物。

● 与人类友善相处，赢得人类好感

聪明的东北虎在对待人类的态度上选择了友善，甚至示好。所以东北人外出的时候，从来不害怕遇到东北虎。有的时候，东北人在前面走，东北虎还会充当保镖守护他们的安全。这一举动赢得了人类的好感，所以，人类尤其是东北人，一般不会轻易伤害东北虎，而且如果情况允许，他们还会主动保护东北虎。

● 建筑巢穴，只为娶妻

东北虎没有固定的巢穴，尤其是雄虎，一直过着以"天为盖，地为床"的流浪生活，想要它们安顿下来，只有一种情况，就是它们想要结婚了。当它们遇到心爱的"姑娘"后，会先为心上人建造一个舒服的巢穴，然后再与之结婚生仔。为了使巢穴更加温暖舒适，有的东北虎还会专门将一些动物的皮毛带回来铺在地上。

●保护虎仔小心谨慎

东北虎做事小心谨慎。尤其是在雌虎生育之后,会变得异常机警。它在外出觅食的时候,或者出门之前会先将自己的虎仔小心地藏起来,以免被不速之客偷袭,对孩子造成伤害。在捕猎回巢的时候,一般东北虎妈妈是不会按照原路回去的,而是选择沿着山岩溜回来,不留一点痕迹。

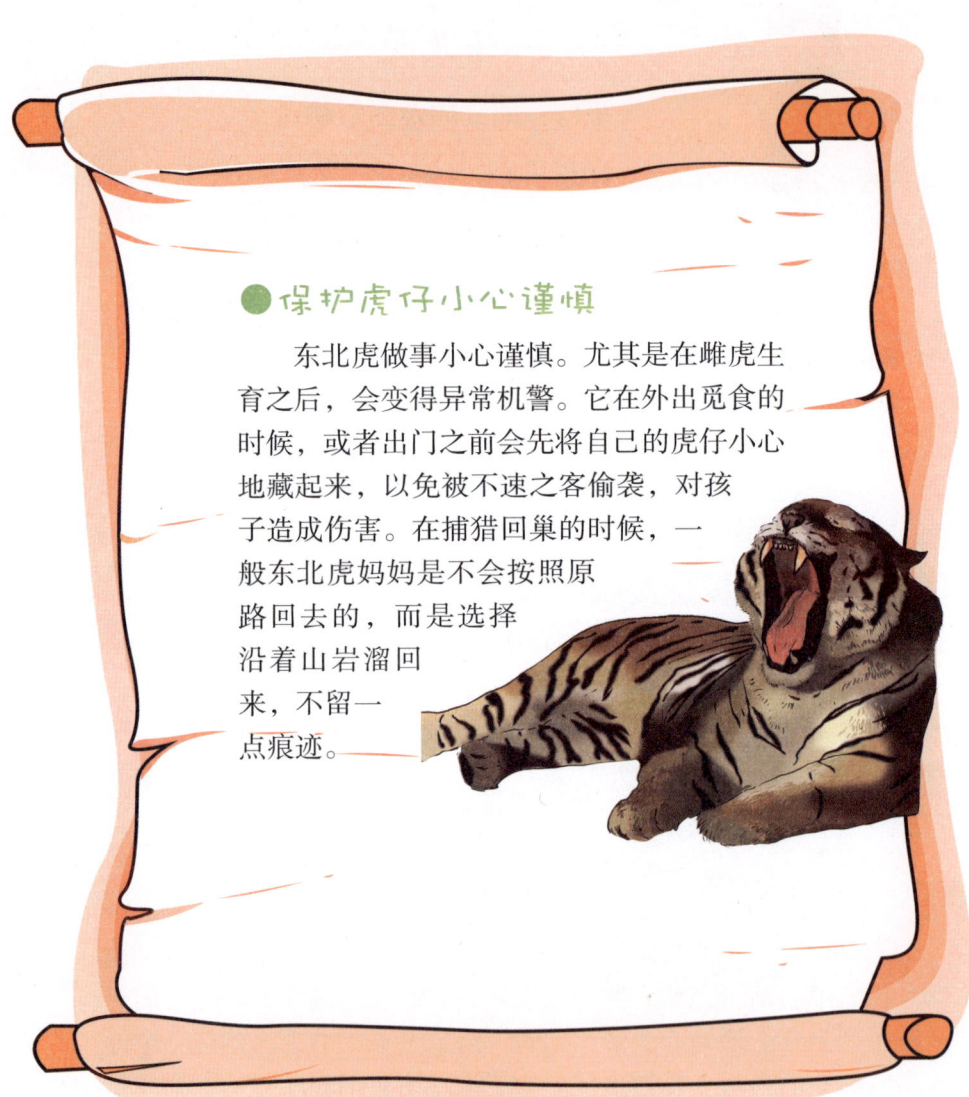

奔跑的健将

动物档案

苏门答腊虎

类目：哺乳纲食肉目猫科

体长：1～2米

现在唯一仅存岛屿的虎

苏门答腊虎身上的条纹比其他老虎要狭窄，鬃毛和胡须较浓密。它们生活在热带雨林，潜伏其间，出其不意地袭击野猪、鳄鱼、幼象等。苏门答腊虎一年四季都可以交配，但主要集中在冬末夏初。

● 雌性享有交配的主动权

在接受交配的这段时间里，苏门答腊虎雌虎对雄虎表现得极为友善，温柔极了，甚至会用自己的脸部或身体反复摩擦雄虎的身体，在雄性虎的身边来回走动，使出各种各样的方法引诱雄虎，一直到雄虎愿意爬跨为止。千万不要说雌虎轻浮，只能说这几天它的兴趣来了，如果是之前，雄虎想要爬跨雌性还不一定同意呢。在这方面，雌性享有主动权。

●雄虎太粗暴，雌虎受不了

雄虎的交配方式非常粗暴，用自己锋利的牙咬住雌虎的后颈，正是因为这个原因，每一次交配完之后，雌性都会发狂，眼见妻子的脾气变得如此狂野，雄虎只能忍受，因为是自己做错了。首先雌虎会大声咆哮，继而连续在地上翻滚呈仰卧状，用自己的牙使劲地撕咬雄虎。面对这样的情形，雄虎怕自己受伤，就会立即跳起来，这时候雌虎因为剧痛会继续在地面上反复滚动。雄虎在旁边看着，眼睛里面透着温柔，好像在说："对不起，让你如此痛苦！"

奔跑的健将

● 我想知道照相机是什么东西

一只雄性苏门答腊虎正在悠然自得地散步，照相机探测到老虎正在一步步逼近，不时闪一下的闪光灯完全刺激了老虎的敏锐神经。它朝着照相机方向逼近，然后用前爪不停地拨动着相机，似乎想要知道这个会闪光的到底是一个什么东西。可是拨弄了半天，照相机就像"死的"一样，一动不动。老虎终于发怒了，完全失去耐心，张开血盆大口，一下子吞了这个会发光的怪物。在嘴里面咀嚼了一会儿，发现这个东西并不好吃，这不得不放弃了这个"不好吃"的家伙，继续在森林中漫步。

动物原来是这样

藏獒

类目：哺乳纲食肉目犬科

体长：约1米

人类看家护院的助手

藏獒头骨宽大，眼睛深邃。体毛有黑色、棕色和蓝灰色，且丰厚、粗硬，能够抵御寒冷。藏獒的性格刚猛，尚未被完全驯服，让人对它很是惧怕。藏獒对陌生人怀有强烈的敌意，但是对主人非常亲热，能够为主人看家护院，是主人的好帮手。

● 藏獒救了饲养员

藏獒可以帮主人很多忙，在黑龙江就发生了这样一件事：

一只年轻的藏獒看到饲养员在清理狗舍的时候突发心脏病昏倒了，藏獒在笼子里面来回走动，前肢攀上铁栅栏，用爪子一点点拨弄插销，最后奋力跑出，来到有人住的房前又叫又挠门，还撕咬人的裤脚，把人们叫了出来，带领他们到了狗舍前。大家这才发现饲养员倒在了狗舍里，如果没有藏獒的鼎力相助，恐怕饲养员性命难保。

● 做保姆，有一套

藏獒是一个非常有责任心的保姆，你可以放心地把孩子交给藏獒看管。它可以看管婴儿，当婴儿啼哭的时候，它会轻轻摆动摇篮，哄孩子睡觉。它还可以陪孩子一起玩球，当孩子将球抛出去的时候，藏獒会跑过去用嘴巴把球捡回来，或者将球扔出去，让孩子把球捡回

奔跑的健将

来,甚至会陪着孩子一起看电视。这些都是聪明的藏獒保姆做的事情。

● 我能破案和救灾

藏獒也可以充当军犬,经过特殊的训练之后,可以凭借人体的气味,找到带有这种气味的真正的主人。比如在刑警破案的时候,经常利用藏獒的这一特性抓获罪犯。遇到灾情的时候,在抢险救灾者的身影中,就会闪现藏獒的影子,它能帮助救灾人员找到遇险的灾民,因而是人类最喜爱的忠犬之一。

动物原来是这样

动物档案

狼

类目：哺乳纲食肉目犬科

体长：85厘米左右

天生的军事家

狼的毛发较为浓密，多为棕灰色，牙齿锋利。其适应性很强耐热且不畏严寒。性格残忍机警，主要在夜间活动，以羚羊、兔子等动物为食。喜欢群居，并且成群地捕猎，捕杀大型动物姐时分工明确。虽然狼很是凶猛，但是十分重视兄弟情义，彼此团结友爱，因为它们知道集体的力量才是最大的！

● 不懂尊老爱幼？是为了生存

猎物死了，狼不会一哄而上。它们在分享猎物的时候，是非常讲究原则的。首先，咬死猎物的狼先吃；之后，狼的首领吃；再之后，狼群中强壮的狼吃，最后才轮到那些老弱病残的狼吃。你可能会这样想，狼真不懂得尊老爱幼。其实它们这样做都是为了更好生存，若是敌人来袭，此时身形强壮的狼就要挺身而出，为了家族的生存抗战到底。要是饿着肚子，如何肩负起保护家族的使命呢？

奔跑的健将

● 团队精神，众狼一心

狼是群居性极高的物种。一群狼的数量大约在 6~12 只之间，在冬天寒冷的时候最多可达到 50 只。通常以家庭为单位的狼群由一对优势夫妻领导，而以兄弟姐妹为一群的则以最强壮的一头狼为领导。在广阔无垠的旷野上，一群狼踏着积雪寻找猎物，它们一只挨一只，领头狼的体力消耗最大，它在松软的雪地上率先冲开一条小路，以便让后面的狼保存实力。当狼在一起嚎叫时，仿佛在向世界宣告："我们是一个整体，但是各个都与众不同，所以最好不要惹我们！"

● 知己知彼，百战百胜

狼会尊重每个对手，狼在每次攻击前会去了解对手，了解周围的环境，因势利导地运用各种战术来捕获自己的猎物，躲避敌人的攻击。狼能

利用大雪窝围捕黄羊群，能借白毛风的势全歼军马群，能利用地形给小狼崽选择最安全的洞穴，这些无不是建立在它们对草原环境极其熟悉的基础上。而做事情前也必须先沉下心来好好熟悉自己周围的环境，只有知己知彼，方能百战百胜。如果对环境都不熟悉，那即使你能力再强，也只能"龙游浅滩遭虾戏"了。

●我们最善于交际，沟通才能解决问题

狼虽然很凶猛，但是它们总是愿意与同伴交流，是最善交际的食肉动物之一。它们并不仅仅依赖某种单一的交流方式，而是随意使用各种方法：嚎叫、用鼻尖相互磨擦、用舌头舔、采取支配或从属的身体姿态，使用包括唇、眼、面部表情，以及尾巴位置在内的复杂精细的身体语言，或利用气味来传递信息。作战时，情报是很关键的，人类古代的很多战争就是因为交流不够及时而导致大量伤亡，所以狼的沟通交流对于捕猎过程是尤为重要的。

●狼有自知之明

自知之明是一种好品格，狼就具备了这种好品格，它们不会为了所谓的自尊去攻击比自己强大很多的动物，也不会像老虎那样称王称霸，因为它们知道自己只是狼，而不是老虎，更不是狮子。这种自知之明帮助狼群更好地繁衍生存。

●民主的狼群

狼群不仅感情很好，而且也很民主。当首领狼不能服众时，它们不会像其他种群一样因为等级桎梏而忍气吞声逆来顺受，反而会很民主地重新"改选"，首领也能被推翻。正是这种民主，才让狼群更具生命力，群体也更团结。

●会用盐水消毒的聪明医生

狼很聪明,也很容易受伤,当这两者结合起来的时候,就会诞生聪明的医生。因为动物世界是没有医院的,它们只有自己疗伤,等到伤口消失后继续在生存的道路上走下去。举例来说,西伯利亚某地区的猎手们曾不止一次发现,在一个咸水湖畔,受伤的狼机灵地在自己伤口上泼上盐水消毒,看来经过多次的经验总结,它们也懂得了盐水可以消毒的道理呢。

动物原来是这样

赤狐

类目：哺乳纲食肉目犬科

体长：50~90厘米

生存能力强的"火精灵"

赤狐体型细长，嘴尖，耳大，四肢短小，有着一条长长的大尾巴，爪子非常锐利。赤狐栖息在森林、草原、丘陵等多种环境中，居住在树洞、岩石缝隙或者土穴里喜欢独居，白天在洞里睡觉，晚上出来活动。赤狐奔跑的速度很快，智慧与才干兼备的它很少会成为别人的餐点。

● 捕猎时遵循"四部曲"，让猎物成为腹中餐

赤狐捕猎可以说是煞费苦心，整个捕猎过程是由寻迹、窥探、潜近和猛扑"四部曲"组成的。

首先是寻迹。一般鼠类和兔类走过的路都会留下痕迹，赤狐就会沿着这些足迹寻找猎物。它们知道鼠、兔主要以草类为食，所以只要找到草类生长茂盛的地方，就一定会有鼠、兔出没，这就为赤狐捕食提供了目标。此时的赤狐会神不知鬼不觉地潜入并逼近猎物，而且不会"打草惊蛇"。

其次是窥探。一旦发现此地有鼠、兔出没，赤狐就会低下头，利用自己灵敏的嗅觉，观察鼠、兔的动向，然后抬起头，轻轻转动头部，眼观六路，耳听八方，以便确定鼠、兔的方位。

第三就是潜近。一旦赤狐发现了猎物的准确方位，就会蹑手蹑脚地

奔跑的健将

潜近对方，一点点逼近，到了可以做最后冲刺的时候，就会慢慢伏下身子，做好冲刺的准备。

最后是猛扑。赤狐到达最佳冲刺地点之后，就会用迅雷不及掩耳的速度扑向猎物，让猎物成为自己的腹中餐。

●遇到毫无反抗能力的昆虫，我吃得心花怒放

在发现了地上有可以食用的昆虫之后，赤狐会不慌不忙地走上前去，然后停下来，低头看一会儿，等到昆虫走到自己眼前的时候，便张开嘴巴叼起毫无反抗能力的昆虫，一口咽下去。当然赤狐也是分情况的，遇到紧急情况它们的动作也会变得敏捷。如果遇到会跳跃或者是会飞的昆虫，赤狐就会将自己的鼻子放到草丛里面搅来搅去，或者用爪子拍打灌木丛的四周，将这些昆虫赶出来，然后张开嘴巴一个个吃掉。能够将此策略运用到如此地步的，非赤狐莫属了。

动物原来是这样

●搞偷袭才是专长

当碰到小鸟或者松鼠等相对体型较大的动物时,赤狐就会搞偷袭,而且从来没有失过手。它就像猫捉老鼠一样,慢慢蹲下身子,然后匍匐前进,尽量隐蔽自己的行踪,生怕打草惊蛇,与此同时,脑袋永远朝向松鼠或者小鸟的方向,目不转睛。开始的时候,它轻手轻脚,然后逐渐加快自己的脚步,就在小鸟或者松鼠发现有危险想要逃跑的时候,赤狐就会纵身一跃,向猎物扑过去,一口咬住对方,真是一个极具智慧的捕猎者呢!

奔跑的健将

豺

类目：哺乳纲食肉目犬科

体长：95～105厘米

典型的"山地精灵"

豺体色棕黑，毛发厚密、粗糙。头部较宽，耳朵短圆，额骨的中间部分隆起，四肢较短。豺生性残暴、狡猾，嗅觉发达，身手灵活，经常成群结队外出捕猎，喜欢在早上和傍晚活动。

● 选择老虎为合作伙伴

豺经常选择老虎作为自己的合作伙伴。当豺发现猎物之后，从来不会亲自动手，而是把这个好消息告知老虎，等到老虎将猎物扑倒在地的时候，它也会上去帮助老虎咬一口。正所谓"见面三分情"，更何况是帮助了自己的"朋友"，老虎作为一名讲义气的动物，自然会将自己的食物与豺分享了。

● 分工细致，群体作战

豺喜欢抢夺其他食肉动物的食物，如果对方不愿意，双方就会展开激战。这时候一群豺就会迅速扑上去，分工非常细致，两只豺咬住对方的腿，一只跳上对方的背，开始猛烈地撕咬，然后两只跑到对手的前方，抓对方的眼睛，剩下的开始在对方嘴里抢。如果对方仍旧不放手，那就不要怪豺不客气了，它们会不停地嚎叫，呼唤更多的同伴前来帮忙，势单力薄的对手只能灰溜溜地逃跑。

动物原来是这样

●有点阴暗的捕猎手段

最能够体现"豺智"的是它们搏杀体格威猛动物的场面。比如，一只豺会跑到牛的面前嬉戏，吸引牛的注意力，之后，另一只豺跳到牛背上用前爪在牛屁股上抓痒，牛什么时候享受过这样的殊荣，自然乐得其所，当牛感到无比舒服而翘起尾巴时，豺就会对准牛的肛门痛下杀手。这种"黑虎摘桃"的独门武功固然十分奏效，但手段确是阴暗歹毒的。

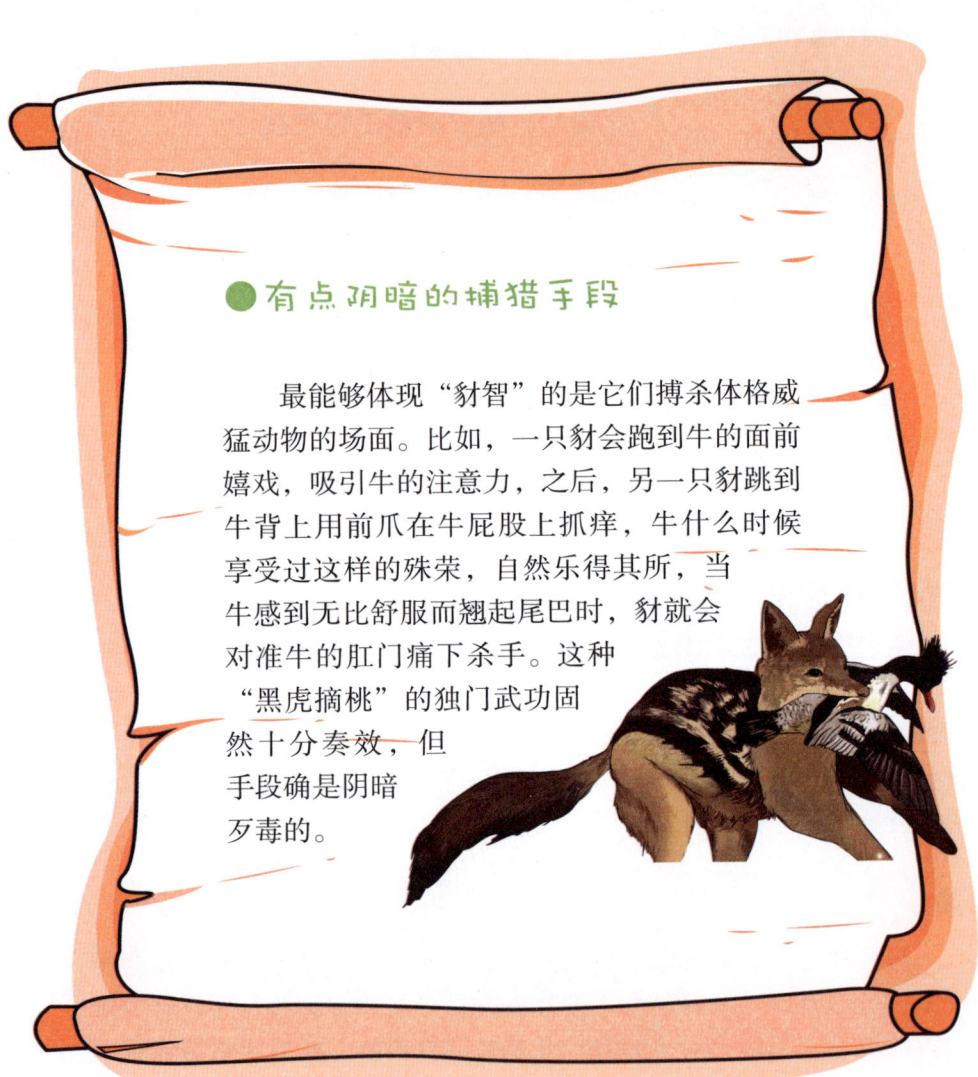

奔跑的健将

鬣狗

类目：哺乳纲食肉目鬣狗科

体长：95～160厘米

狡猾而难缠的家伙

鬣狗体型中等，头短、圆，毛色为棕黄色或棕褐色，身上有很多不规则的黑褐色斑点。性格凶悍，奔跑速度极快，喜欢在夜间捕食，在夜晚会发出嚎叫声和哈哈大笑声。在鬣狗的世界中，雌性鬣狗占据领导地位，犹如人类原始社会的"母系社会"。

●围攻，分散，捕捉

当鬣狗围攻角马的时候，它们会先有秩序地拼命追赶，然后突然规则地散开，呈半月形攻势，每一只鬣狗都有自己的守护面积。鬣狗的目的就是将角马分散开，然后找寻弱者，群起而攻之，将其一举拿下。这是一种十分聪明的办法，在对手慌乱之时，寻找下手的机会。

●合作与否，视情况而定

鬣狗做出合作的决定，要遵循一系列复杂的规则。比如，当有危险的"旁观者"在旁边虎视眈眈的时候，鬣狗就不太会意气用事，不想轻易地搭上自己的性命。如果对方势单力薄，那这些"狗仗群势"的家伙，就变得嚣张了，恨不得整个种群全都涌上去，将对方碎尸万段。

动物原来是这样

● "草原清道夫",不能忍受腐尸污染环境

哪里有腐尸,哪里就可以见到鬣狗的身影,大有天生洁癖,不愿忍受腐尸遍野的生活环境的。所以鬣狗从来不会浪费一点食物,骨头都不会剩下,就连其他动物吃剩下的东西,鬣狗都会前来打扫干净。鬣狗清理了草原的环境,成为名副其实的"草原清道夫"。

奔跑的健将

长颈鹿

类目：哺乳纲偶蹄目长颈鹿科

体长：4～7米

动物界的"千里眼"

长颈鹿身材高大，尤其是那长长的脖子，只要轻轻一抬头就可以吃到其他动物吃不到的食物。长颈鹿身上长着漂亮的花斑网纹，这是它生存的保护色。长颈鹿是群居动物，喜欢和斑马、羚羊等动物混居，这样敌人来了逃生的机会也比较大。

● 紧绷皮肤，避免高血压

长颈鹿长得高，血压也偏高。但是为什么长颈鹿不得高血压呢？这主要是因为长颈鹿可以很好地控制皮肤的松紧度。紧了，松一下；松了，紧一下。一般情况下，长颈鹿的皮肤会牢牢地紧绷在身上，箍住自己的血管，这样就可以防止血压突然升高。长颈鹿在饮水的时候，血压往往会突然升高，从而强烈地压迫血管壁，这时，紧绷的皮肤就可以有效地防止血管被胀破了。

● 我看，我听，我安全吗？

长颈鹿长了一双堪称"瞭望哨"的大眼睛，随时注意着外界的一举一动。与此同时，长颈鹿的耳朵也不是吃素的，一旦发现身边的异常情况，就会不停地转动耳朵寻找声音，然后伸直脖子，东看看，西瞧瞧，生怕发生一点危险，等到断定自己平安无事的时候，才会继续

动物原来是这样

吃食。还真是一个警觉性超强的胆小者。

● 不是我吹牛,你跑得过我吗?

在草原上,长颈鹿是弱势群体,但是奔跑却不是问题,敌人追来我就跑,跑得过你就跑。长颈鹿从来不会沿着直线跑,而是像蛇一样曲线前进,时不时给对手一点惊喜,又突然一个急速转弯,让对手猝不及防,这时长颈鹿会猛地抬腿,狠狠地踢一脚,然后安全逃离敌人的魔爪。

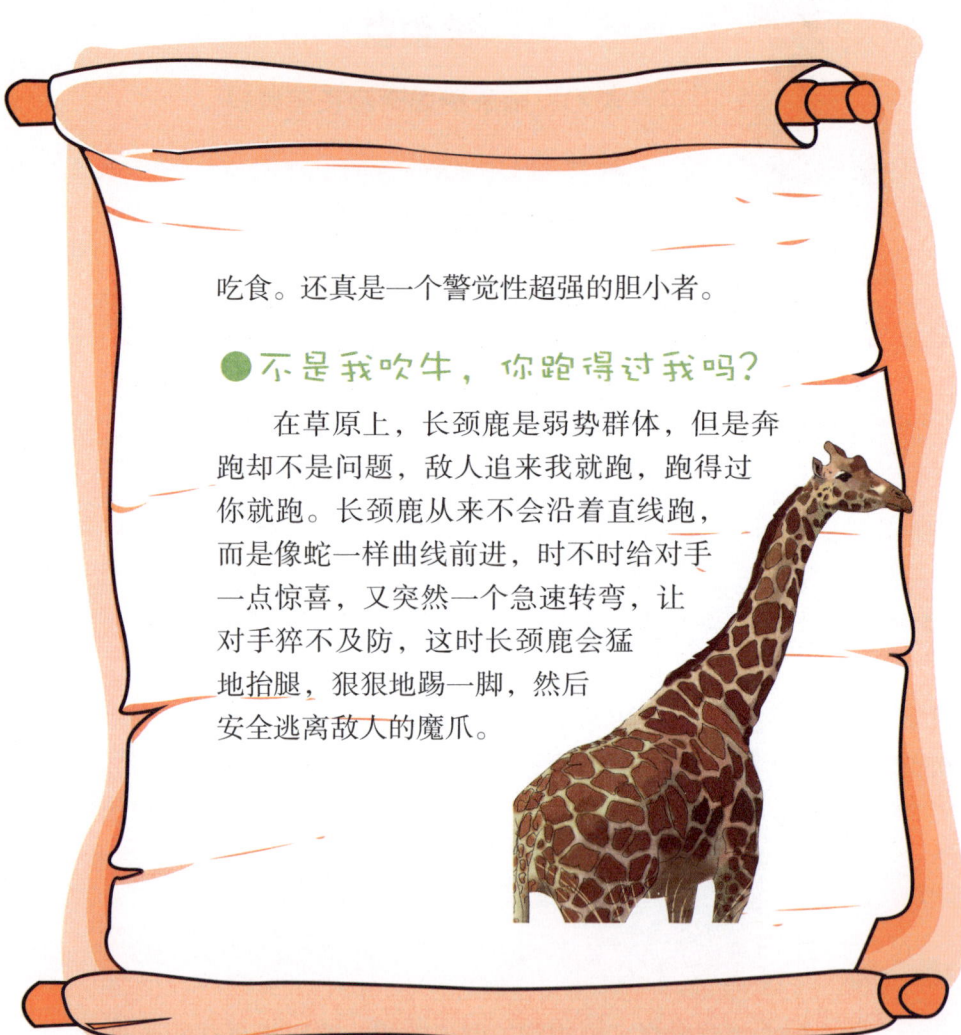

奔跑的健将

动物档案

驯鹿

类目：哺乳纲偶蹄目鹿科

体长：1～2米

"森林之舟"

驯鹿体型中等，头上长角，角干向前弯曲，有分杈。头长且尖，眼睛很大，眼眶突出，颈长，主蹄大而阔，掌面宽阔且行走时触及地面，所以适合在雪地和崎岖不平的道路上行走。驯鹿性情温和，能够被人驯化，充当人们的交通工具。

● **在迁移时绒毛脱落，免遭屠戮**

驯鹿在迁移的时候，会沿途变换新装。脱掉厚厚的冬装，换上薄薄的夏装，这样可以在一定程度上减轻自身的负担，在途中遭遇天敌的时候，就可以跑得更快，逃过敌人的魔爪。除此之外，脱掉的驯鹿绒毛掉在地面上能作为新的路标，按照这个标志可以在返回的时候顺利找到回家的路，不会迷失方向。

● **扬蹄起土，掩护自己**

驯鹿在迁移的过程中，井然有序，迅速前行。驯鹿生性机警，一旦发现危险逼近，拔腿就跑，蹄子打出惊天动地的响声，混乱视听，与此同时，还会用后肢用力蹬地，扬起漫天的尘土。尘沙飞入捕食者眼睛里，让其看不清前面的道路，摸不透前面到底是什么情况。由此可见，驯鹿还真是一个聪明的家伙。

动物原来是这样

● 乖巧懂事招人爱

驯鹿是一种十分聪颖的动物，生性机敏、灵动，很容易驯服，所以很讨人类的欢心。当你心情愉悦的时候，它们会用头轻轻摩擦你的脸颊，仿佛在告诉你它内心的感受；当你心情不好的时候，它也会沉默不语，眼神暗淡无光，好像在分享你的心事。有这样一个可心的动物朋友在身边，是一件很不错的事情。

奔跑的健将

动物档案

麋鹿

类目：哺乳纲偶蹄目鹿科

体长：1～3米

神奇的灵兽

麋鹿的脸像马，角像鹿，颈像骆驼，尾像驴，因此它有一个俗名"四不像"。麋鹿身体粗壮、四肢粗大，主蹄、悬蹄发达，适合在沼泽里行走。麋鹿喜欢热闹，最擅长的运动是游泳，堪称动物界的"水中王子"。

● 只威吓情敌，不动用武力

在交配的时候，雄兽争夺配偶的方式和其他鹿类有很大的差别，它们不喜欢用武力解决问题，而是选择用声音和对手一比高下。首先，它们会连续不断地发出一阵阵"叭铃叭铃"的叫声，然后用角顶着对方的头，目视对方的眼睛，这样做的目的就是威吓自己的"情敌"，让它知难而退。动用武力的粗野的行为，可不是麋鹿能够做出来的。

● 想要靠近，先过我这关

鹿王的艳福不浅，它拥有一大群妻子，每天享受着皇帝般的待遇，当然它也一刻不敢放松地保护着妻子，因为其他雄鹿正虎视眈眈地望着它身边的美人。所以鹿王要时刻赶走它们，如果实在没有办法控制局面，鹿王就会在鹿角上顶着草，以展示自己的威严，让雄鹿们望而却步。

动物原来是这样

● 我会跳踢踏舞，逗你开心

鹿王对自己的妻子呵护备至，举手投足之间都流露着浓浓的爱意，当雌鹿不高兴的时候，鹿王就会表演一场麋鹿版踢踏舞，它利用四只坚硬的蹄子在地上来回交换，碰到地面时就会发出一阵阵清脆的声音，动作连贯，姿态优美，妻子见到自然欢心了。

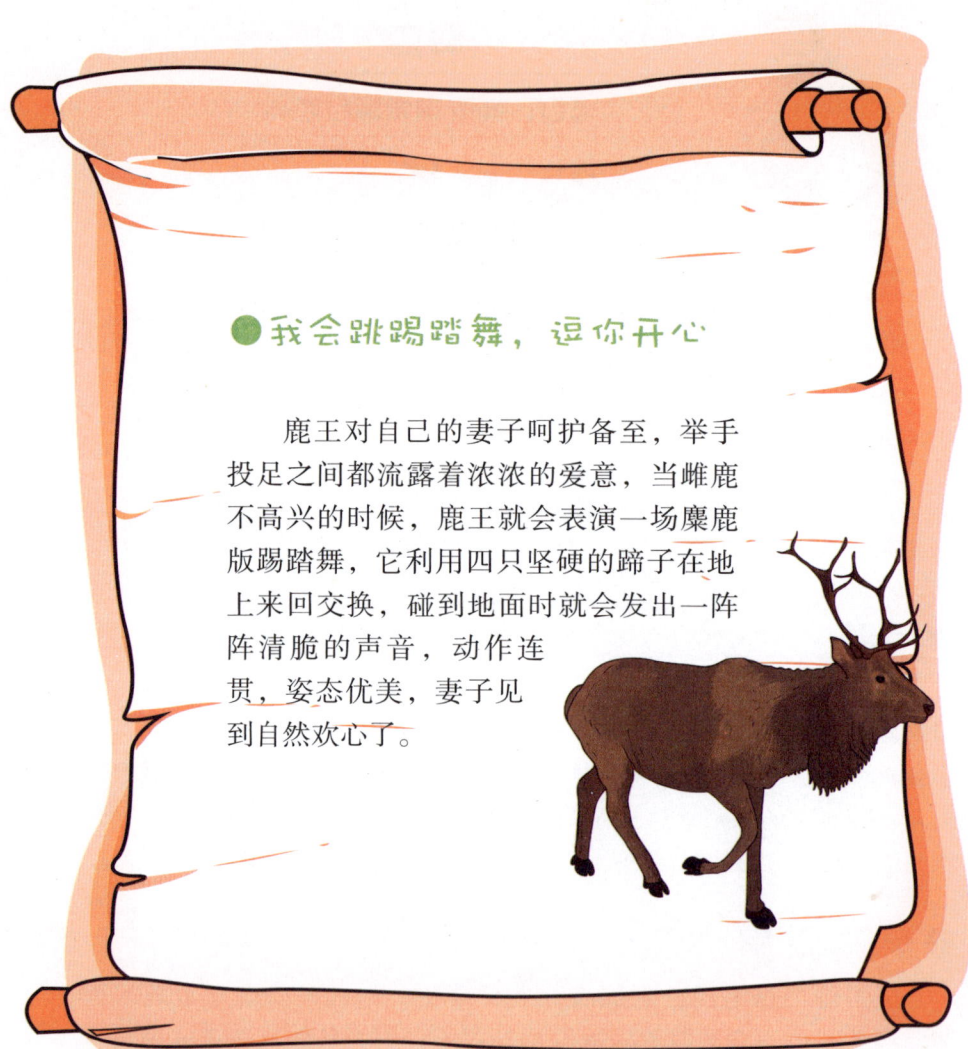

奔跑的健将

梅花鹿

类目：哺乳纲偶蹄目鹿科

体长：120~150厘米

穿着花衣裳的"鹿姑娘"

梅花鹿身上布满了白色的梅花斑点，它四肢细长，奔跑、跳跃的能力很强且姿态优美。梅花鹿的视觉能力差，非常胆小，容易受到惊吓。它的警惕性很高，每天早上或者黄昏才出来行动。

● 白天、黑夜，我的栖息地有所不同

白天和夜间，梅花鹿的栖息地各不相同。白天，梅花鹿大多将自己的活动地点选在向阳的山坡上，因为这里的茅草丛非常深密，而且茅草的颜色和自身体毛的颜色极其相似，可以很好掩护自己。到了夜间，梅花鹿就会全部迁移到山坡的中部或中上部休息、睡觉，而且每一次居住的地点都不一样。之所以将栖息地选在这里，是因为此地茅草低矮稀少，可以在最快的时间内发现敌害，迅速逃离。

● 外出觅食，先到林外看看有无危险

每一次外出觅食，雌性梅花鹿会事先到林外看一看、瞧一瞧，环顾一下四周，谛听周围的动静，那表情活脱脱一副"侦察兵"模样，等到确信外面确实没有危险之后，才会小心翼翼地将自己的孩子带出来。若在探路的过程中发现有危险逼近，它们便会发出尖锐的叫声，立即带着自己的孩子逃进密林中躲避起来。

动物原来是这样

● 夫妻共同外出活动，雄鹿保护自己的妻子

梅花鹿喜欢在晨昏时分成双成对外出活动，这种现象在鹿类中是十分少见的。因为雄梅花鹿尊重自己的妻子，夫妻之间和睦恩爱，几乎每一次出行都要妻子相伴左右，这样做的目的就是保护自己的妻子，以防在自己不在的时候妻子遭到天敌的袭击。由此可见雄鹿还真是一个细心的好丈夫。

奔跑的健将

动物档案

水鹿

类目：哺乳纲偶蹄目鹿科

体长：1~2米

爱玩水的"先生"

水鹿身体高大粗壮，体毛稀疏、粗糙，耳朵直立，眼睛很大，角小且分叉少。它的四肢细长有力，尾巴的长毛浓密蓬松。水鹿喜欢小群活动，白天藏在林间休息，傍晚的时候出来活动。

● 为了躲避天敌，没有固定巢穴

水鹿是自然界中的弱势群体，经常遭到天敌的攻击。为了躲避灾祸，水鹿就要扩大自己的活动范围，提高警惕。生性机警的它们竟然连固定的巢穴都没有，经常改变巢穴的位置，让其他动物找不到，更不给天敌任何机会。

● 打滚洗浴赶蚊虫

雨后是水鹿活动最为活跃的时候，也是蚊虫最多的时候，此时的水鹿喜欢到较为偏僻的水洼地打滚洗浴。之所以选择偏僻的地方，是为了避免天敌的突然袭击。为什么要洗泥浴呢？当然是为了驱赶蚊蝇了，因为泥污的臭味可以防止蚊蝇叮咬自己。为了生存，水鹿还真是费了不少心思呢。

动物原来是这样

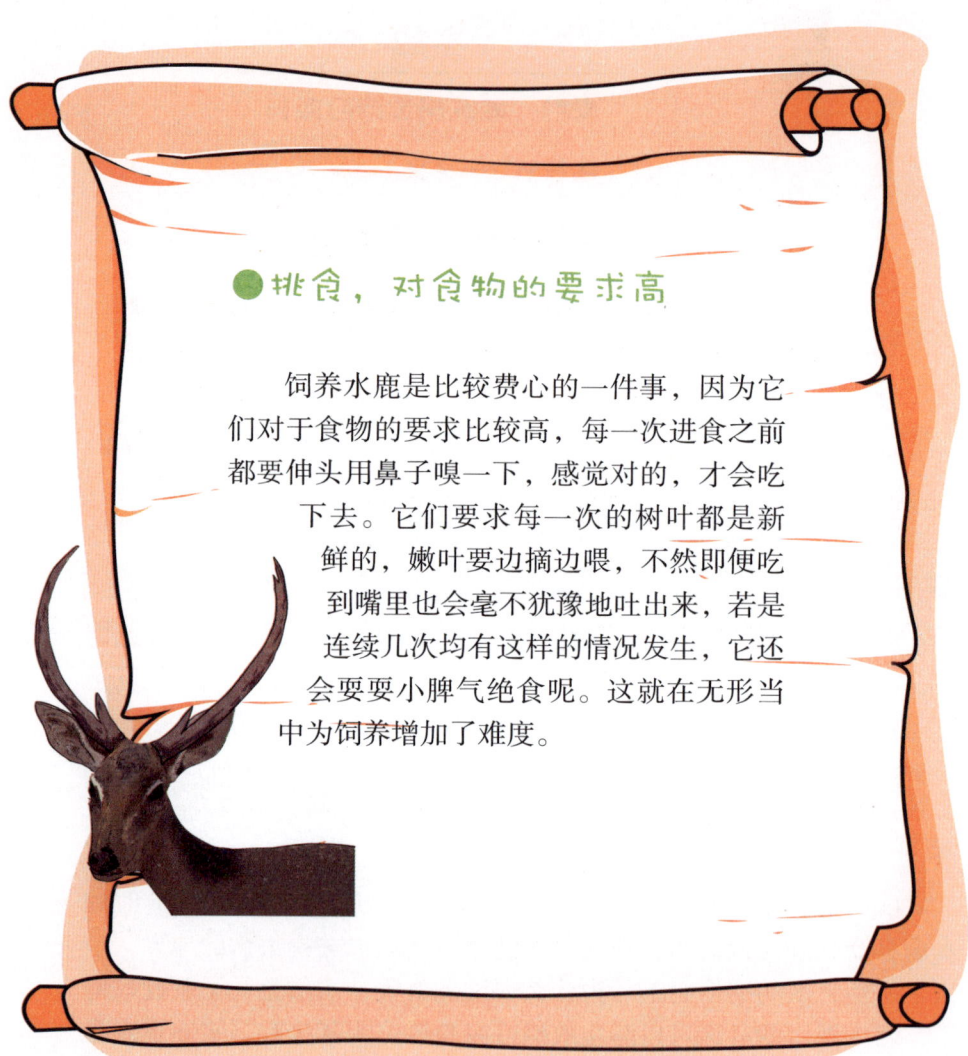

● 挑食，对食物的要求高

饲养水鹿是比较费心的一件事，因为它们对于食物的要求比较高，每一次进食之前都要伸头用鼻子嗅一下，感觉对的，才会吃下去。它们要求每一次的树叶都是新鲜的，嫩叶要边摘边喂，不然即便吃到嘴里也会毫不犹豫地吐出来，若是连续几次均有这样的情况发生，它还会要要小脾气绝食呢。这就在无形当中为饲养增加了难度。

奔跑的健将

动物档案

美洲野牛

类目：哺乳纲偶蹄目牛科

体长：2～4米

野牛中的"美男子"

美洲野牛体型庞大，肩部长满了蓬松的毛。群体由雌性和幼仔构成，雄性单独活动，只有在交配的时候才会与雌性在一起。美洲野牛栖息在草原上，主要以嫩茎、青草为食。

● 磨磨蹭蹭，将寄生虫赶跑

美洲野牛的身上生长着许许多多的寄生虫，这些寄生虫就像魔鬼一样死死地缠着它，不过没有关系，美洲野牛有解决的办法。为了除掉身上的寄生虫，它喜欢用土浴的办法，在泥土中打滚，如果还是不够的话，还会把自己的身体在大石头或者是树干上面来来回回使劲地磨蹭，用这种办法除掉寄存在身体上可恶的寄生虫。这样好办法也许只有美洲野牛才能想出来吧！

● 争夺雌性，大打出手

雄性美洲野牛通常会在繁殖季节为了争夺与雌性的配偶权大打出手，场面真的相当壮观。首先，会有一头雄美洲野牛大叫一声，希望用气势吓跑对方，继而在尘土中连续打滚，摆动自己的头部显出一副很强势的样子。通常情况下，会有一头雄野牛让步，胜利者就可以洋洋得意、不费吹灰之力地将雌性带回家。如果双方都不让步的话，一

动物原来是这样

场硬仗就要来临了。为了自己的心爱，它们会用尽全部力气，两头牛的头猛烈地撞到一起，撞得一大堆的毛发在空中飞扬，然后，它们在相互绕圈中，突然转身前冲，企图用自己的角刺伤对手，直到有一方力竭为止，场景真的相当惨烈。

● 我们向南北迁徙寻找食物

美洲野牛是一种季节性迁徙动物，之所以会大面积地迁徙，都是为了填饱自己的肚子。冬季，它们会成群结队地向南方迁移，寻找食物更丰盛的地区，在那里过冬。等到第二年春暖花开的时候，它们又会向北方转移，回到原来的地方，因为这里的草更加美味。美洲野牛就这样年复一年地游走于两地之间。

● 我很温顺，但你不要逼我

一般情况下，美洲野牛不会伤害人，在发现有人接近的时候，就会迅速逃走，因为美洲野牛的性情比较温

奔跑的健将

顺。只有一种情况会让美洲野牛兽性大发，就是被人射杀导致受伤，或者是被人逼到走投无路的时候，就会异常凶狠，发起进攻，猛烈地撞击，为自己争取一线生机。虽然是困兽之斗，但也并不是没有转机的可能啊！

● 我们喜欢和人类交朋友

将美洲野牛作为宠物，你想过吗？美洲野牛乖巧、温顺，它们已经变成一些人家里面不可或缺的一部分。当主人伤心的时候，美洲野牛也会跟着伤心，还会用自己的身体轻轻磨蹭主人；当主人开心的时候，美洲野牛也会陪着主人嬉戏玩闹，好不快活啊。不要把美洲野牛想象得那样恐怖，其实它也非常懂得人的心思，可以成为人类的好朋友。

动物原来是这样

牦牛

类目：哺乳纲偶蹄目牛科

体长：2～3米

"高原之舟"

牦牛高大有气势，身体健壮，头大，四肢短粗，能够适应恶劣的生态环境。牦牛上长有角，体色为褐黑色或棕黑色，皮毛粗硬，全身长有浓密的毛，尾巴很长。能够在山间的道路和沼泽地里行走，还能渡过江河，在高原可以作为运输工具、耕作工具。

● 堪称人类的向导

对于一些酷爱旅游的人来说，用牦牛引路是一个不错的选择。牦牛天生就具有识途的本领，因为牦牛会在自己走过的路上留下独特的气味，再加上牦牛的嗅觉非常灵敏，闻着自己一路留下来的气味，就可以按照原路带你安全走出山林。牦牛凭借着这种特殊的本领，得到了人类的钟爱。

● 能估测地面的陷阱

牦牛是人类很好的向导，善于走险路和沼泽地的它还可以很好地避开陷阱择路而行。牦牛在前面带路的时候，会先用自己的前肢轻轻着地，体验地面的感觉，这时候牦牛自身就对地面有了一定的估测，感觉不对，就会立刻缩回前肢，然后用自己的鼻子嗅一下，确定真的

奔跑的健将

有问题之后，就会连退几步，绕地而行。所以旅行者选择牦牛做向导是一个正确的选择。

● **为了生存，能吃粗糙的短草**

牦牛是具有吃苦耐劳的精神，尤其是牧草缺乏的时候。为了生存，它能徒步走很远的路程上山觅食。它利用自己细长而灵活的舌头，用力地舔食灌丛、落叶、根茬，以及残留在凹处的短草，因为它们地质比较粗糙，牦牛的舌头经常被磨破，但是它依然坚持。牦牛知道，如果不能承受苦楚，就要面临死亡。

动物原来是这样

动物档案

水牛

类目：哺乳纲偶蹄目牛科

体长：2～3米

爱上冷水浴的牛

水牛皮厚，被毛短、稀疏。水牛的汗腺不发达，调节热能的能力很差。水牛的身体粗壮，蹄大，坚实有力，关节灵活，能够在泥浆中行走自如。

● 边玩耍边洗浴，消除燥热感

水牛的体质比较容易发热，尤其在夏天，它们会经常到池塘里面浸泡、打滚，借助这样的方式散出身体里面的热量。为了在水里多呆一会儿，它们会用自己的叫声招来很多朋友，一起在水里嬉戏玩耍，待在水里一天都不出来，这样就无形中增加了彼此之间的感情，确实是一个不错的选择。

● 我能自己开灯找水喝

有一头水牛，它在夜晚饥渴的时候会自己开灯找水喝，吃饱喝足了又会自己将灯关掉。牛的主人是一个中年男子。在穿过自家的厅堂时，突然发现前方一间屋子的灯亮了起来，亮灯的地方就是那头水牛住的"单间"，也许是水牛听到有人来访，因此打开了电灯表示欢迎。大水牛慢悠悠地靠近电灯开关拉线，扬起头，嘴叼着电灯开关拉线的下端，"啪"地一声，电灯亮了，只见它晃着脑袋到处找水喝，喝完

奔跑的健将

水后，这头水牛探身上前，用嘴叼住开关线，又将电灯关了。这样一头聪明伶俐的水牛和想象中的大不相同！

● 称职的妈妈，不称职的妻子

头几个星期，新生牛犊仍然隐藏在植被里，而正在哺乳的母亲偶尔加入牛群这个大集体中。牛犊被关押在该中心的畜群安全区。作为母亲，母牛会密切地关注小牛的成长，所以还要保持和其他公牛在一起。这就惹得公牛不高兴了，因为它们非常不喜欢自己的母牛吸引其它雄性接近。这时候，公牛就会非常愤怒地攻击小牛或者其他公牛，这样的事情频繁上演，已经不足为奇了。只能说母牛是一个称职的妈妈，却不是一个专情的好妻子，但是也没有办法啊！

动物原来是这样

动物档案

斑羚

类目：哺乳纲偶蹄目牛科

体长：110~130厘米

善于跳跃的"麻羊"

斑羚体型中等，眼睛大，耳朵长，雌雄都有黑色短直的角。四肢比较匀称，蹄窄而强健，毛色一般为灰褐棕色，体毛厚密蓬松。斑羚善于跳跃、攀登，把悬崖峭壁当成自己的家。

● 我要尽力告知伙伴有危险

斑羚在受到惊吓的时候，会使劲摇动自己的两只耳朵，与此同时，用蹄子连续不断地跺地，发出"嘭、嘭"的响声。如果感觉还是没有达到效果，斑羚的嘴里就会发出尖锐的"嘘、嘘"声音，拼命告诉同伙危险的降临。此时，斑羚真恨不得自己长有三头六臂，这样就可以让兄弟姐妹们及时感知到信号，免遭杀害。

● 我能在悬崖峭壁间逃避敌人的追捕

斑羚的四肢细长，善于跳跃，就连居住地都选在悬崖绝壁和深山幽谷之间，如此险要的地理位置，为斑羚的生存带来了颇多好处。每当遇到强敌的时候，斑羚以最快的速度朝着悬崖峭壁的方向奔跑逃命，因为只有那里才是最安全的。眼见奔跑到峭壁边缘，斑羚后腿蹬地，前肢迅速抬起，一个非常完美的二连跳便成功躲过了敌人的追捕。

奔跑的健将

● 无论走多远，都能回到家

斑羚是一个非常恋家的动物，不管走多远，都可以找到回家的路。在白天外出觅食的时候，斑羚总会在树干或者灌木中留下自己的气味，以防在回来的时候找不到原来的路。若不是迫不得已，斑羚是不会另筑巢穴的。

动物原来是这样

剑羚

类目：哺乳纲偶蹄目牛科

体长：1~2米

爱护孩子，不愿拖累种群的"剑客"

剑羚的耳朵短而宽，毛发较短，尾巴很长。剑羚的生存能力很强，在自然界的进化过程中，即使没有水也能生存很长时间。在繁殖期，雄性剑羚相互之间以角搏斗，以争夺与雌性交配的权利。

● 保护孩子，我们可以不喝水

不要看剑羚的身材娇小，但它们的生存能力很强。它们的肾脏可以阻止水分流失及控制体温来避免流汗，所以剑羚可以几天不喝水还能很好地生存。在水源缺乏的时候，母剑羚为了让小剑羚健康长大，会把辛辛苦苦找到的水先让给小剑羚，之后再继续寻找其他的水源，解决自己的需求。剑羚利用自己天生的优势，保护了小剑羚，延续了种族繁衍。

● 为了不拖累大家，年迈的雄剑羚主动离开

一些年迈的雄性剑羚会主动离开群体，开始孤独的生活。这究竟是为什么呢？因为大自然是一个弱肉强食的社会，年迈的剑羚和种群呆在一起在遇到敌害的时候，无法有效地保护自己反而会拖累大家。所以，年迈的雄性剑羚选择了默默离开。

奔跑的健将

● 为了平安脱险，用尽全部力气

不要看剑羚的体形娇小，在前进的时候却步履轻盈，紧急时刻还可以跃过2米高的枝头，即使已经筋疲力尽，还是会用尽全身的力气用前腿或者胸膛去对付一根挡在前进道路上的树干，拼命地向前拱，直到树枝弯曲，最后折断。因为它们知道，只有如此，才可以让自己平安脱险，继续生存下来。

动物原来是这样

黑斑羚

类目：哺乳纲偶蹄目牛科

体长：1～2米

传说中的"神兽"

黑斑羚体毛粗硬，毛色呈黑色、红色或灰褐色，腹部为白色，四肢较长，两条腿上各有一条垂直的黑条纹。黑斑羚以杂草和植物的枝叶为食，常常在早晨或傍晚活动，在陡峭的岩壁下栖息。

● 心理战术，与狮子玩游戏

黑斑羚的识别能力非常强，一旦感应到危险，就会立即飞奔起来。草原上狮子的奔跑速度远超过黑斑羚，当它们距离越来越近的时候，黑斑羚会放慢速度，蹦跳腾越，姿势优雅，同时还会时不时地回过头来看看身后追赶的狮子。黑斑羚之所以会这样做是想要给狮子造成强大的心理压力，告诉对方："我并不怕你，不过是在与你嬉戏玩耍罢了。"狮子好像意识到了什么，也随即放慢了脚步。其实，黑斑羚的智慧就在于它懂得从心理上去战胜强大的狮子，为自己创造机会。

● 我能在悬崖峭壁上弹跳，躲避危险

黑斑羚会在其他动物认为无路可走的地方，绝地逢生。一旦遇到敌害，它会迅速逃往悬崖峭壁的方向，就像一个在山间舞动的精灵一般，以其惊人的弹跳和准确的起落，迅速地登上悬崖最险峻的地方。这样矫健的身手足以令敌害瞠目却步，从而化险为夷。

奔跑的健将

●敲、吓、抵，保住小命

当捕食者一步步向黑斑羚逼近时，它会用自己的两条后肢支撑起整个身子，两只前蹄用力地敲击岩石，以此来恫吓捕食者，"战鼓声"在寂静的山谷峭壁间回响，非常具有威慑力，许多野兽在这强大的"心理攻势"面前，方寸顿乱，夺路而逃。当然也有一些经验丰富的捕食者不会被吓跑，仍然继续进攻。这时候，黑斑羚也不会示弱，它会使出最后的"杀手锏"，将头慢慢低下来，静候捕食者的进攻。此时此刻，如果对方稍有不慎，被黑斑羚的利角一撩，就很有可能会失去重心葬身崖底。黑斑羚就是靠这逃、吓、抵三招，在大自然的生存斗争中，一代代繁衍下来。

动物原来是这样

动物档案

高角羚

类目：哺乳纲偶蹄目牛科

体长：1～2米

头戴两把飞刀的羚羊

高角羚的雄性有角，角先向后弯，再向上弯。它喜欢热闹的气氛，时常和同伴一起外出觅食，主要以灌木的叶子为食。高角羚非常警觉，奔跑速度非常快。

● 有的吃饭，有的站岗，为了共同生存

一般情况下，为了躲避敌害，高角羚在吃食的时候是轮换着来的，一部分安安心心地吃，一部分就要在旁边站岗放哨。一旦发现危险，站岗放哨的就会发出预警信号，然后集体全速逃命。等到吃饱喝足了，再换另外一批。所以每一只羚羊进食时都要双班来回倒，这样聪明的办法恐怕也只有高角羚羊才能想出来吧！

● 遇到敌人，跳过对方的身体

在遭遇敌害的时候，高角羚不会手忙脚乱，它们显得格外从容淡定，前腿绷直，后腿蹬力弯曲，就好像一个运动员一般，积蓄了足够的力量，等到捕食者一步步靠近自己，500米、400米、300米……高角羚抓住最佳时机，猛地起跳，轻轻松松越过了捕食者的身体，然后迅速奔跑，逃到密林深处去了。

奔跑的健将

● 我有两套逃生方案

高角羚喜欢森林和草原，平时在森林和草原的交界处生活着。遇到敌害的时候，它们会首先奔向森林，因为那里密树丛生，可以很好地隐蔽自己，不被敌人发现。如果不幸还是被发现了，就会朝着草原的方向奔跑，因为这里地势辽阔，更可以一展身手。虽然我的力量没有你强大，但是我能让你追到累死，这就是高角羚的取胜战略。

动物原来是这样

骆驼

类目：哺乳纲偶蹄目骆驼科

体长：2～3米左右

"沙漠之舟"

骆驼生活在沙漠里，鼻孔能开闭，脚上有厚厚的肉垫，适合在沙漠里负重行走。骆驼的背部有驼峰，储藏着脂肪。骆驼的胃有三室，能够贮存充足的水分。骆驼很久以前就被人类驯化，作为人类驮运和骑乘的工具。对于人类而言，骆驼绝对是忠诚、温顺、善解人意的好朋友。

● 积极储备食物，以备不时之需

骆驼喜欢囤积食物。在食物丰富的时候，开始疯狂地外出寻找食物，不管是不是饿了，是不是渴了，都会吃个不停，还喝很多水。这到底是为了什么呢？原来这是骆驼在为自己的生存做准备。若是遇上条件恶劣的时候，几天没有东西吃，没有水喝，储存的食物就派上大用场了，骆驼借助这些食物、水分可以坚持半个月的时间。骆驼看似憨憨的，其实是一个聪明的伙计。

● 不张嘴是为了减少水分流失

骆驼在沙漠中行走，需要大量的水分。在烈日暴晒的干燥气候里，即便只是张一下嘴都要流失体内不少水分。为此，骆驼干脆做起了"闭嘴"君子，安安静静过日子，否则又怎么能在荒漠中生存下来呢。

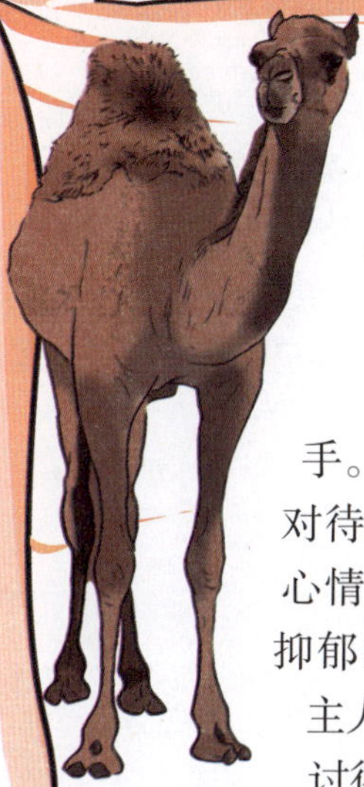

奔跑的健将

● 我们是人类的好帮手

骆驼是人类在沙漠中行走的好帮手。它们脾气温顺，很少闹情绪，尤其对待自己的主人，更是唯命是从。如果心情愉悦，还会和主人开玩笑；在主人抑郁的时候，会时不时地用舌头舔一舔主人的脸蛋或者手掌，摇晃脑袋，以此讨得主人的欢心。骆驼看起来愚钝，内心还真是聪慧。

动物原来是这样

动物档案

角马

类目：哺乳纲偶蹄目牛科

体长：1～2米

"斑纹牛羚"

角马的头较粗大，肩部宽，后部纤细。角马的全身长有长长的毛，光滑且浓密，颜色随着季节的变化而不同。角马对环境的适应能力强，广泛生活在非洲大草原上。

● 角马与鳄鱼大战，历尽艰险逃走

我们曾在电视里看到过这样的场面，一匹年轻的角马正在和鳄鱼大战。面对死亡的威胁，角马表现得非常淡定，它用头使劲地撞击鳄鱼，试图挣脱鳄鱼的嘴巴，最终幸运地脱离了鳄鱼的捕杀。此时的角马知道如果停下来就是死路一条，于是奋力向前冲。鳄鱼果然发起了第二次进攻，纵身跳出水面，但是角马比它快一步，鳄鱼从白尾角马的背上滑落下去，灌了满嘴的水。而这只角马历尽艰险，终于到达了河的对岸。

● 长期迁徙，为了吃上嫩草

角马最喜欢的食物就是嫩草。为了可以吃上新鲜的嫩草，角马甚至会不远千里进行迁徙，来到草色鲜美、茂盛的地方安定下来，等到这里的草不再符合自己的胃口时，再换一处定居。就这样，角马过着长期的迁移生活。谁叫自己挑食呢，当然就要受一点苦喽！

奔跑的健将

● 我用魅力征服你

一般情况下，毛色越有光泽，体型越是雄壮的雄性角马越受异性的欢迎，尤其是在发情期的时候，这种优势就显露出来了。所以雄性角马从出生的时候开始，就懂得锻炼自己的体魄，经常奔跑以练习自己的腿部力量，就是为了等到这一时刻的到来。每到发情期，角马群一停下来，雄性就会非常主动地将雌性赶到一起，然后摆出一副骄傲的样子，将自己的头抬得高高的，围绕着它们不停地奔跑着，雌性中意谁，就会主动站出来。可以这样说，角马的婚姻没有战争，它们需要的是各自的魅力。

动物原来是这样

●与命运抗争，要接受挑战的教育方式

马拉河是角马每次迁徙的必经之地。河里有许许多多的尼罗鳄与河马，它们是角马的天敌。这时，几头幼年角马发现了一处有利的地势，那里的河水非常浅，尼罗鳄和河马在这里根本就施展不开。所以，很多年幼的角马聚集到这里，想要从那里过河，以此来躲避尼罗鳄和河马的攻击。结果，令人惊讶的一幕发生了，几十头年老的角马马上赶过来驱赶幼年角马回到原处，坚决不允许它们从较浅处过河。角马开始从深处过河，后果可想而知，角马的死伤非常多。

老年角马之所以会做出这样的举动，缘于它们独特的教育方式。明明知道河浅处肯定不会有尼罗鳄或者是河马出没，从那里过河非常安全。但是老年角马同样知道，幼年角马是角马群的希望，如果今天它们顺利渡过去了，到了次年3月份，面对成群的河马和尼罗鳄，它们还敢过河吗？过不了河就意味着死亡，所以现在就要接受挑战，抛弃老天的"恩赐"，与命运抗争。这就是角马群独特的教育方式，让角马从小接受磨难，锻炼意志，勇敢地面对困难。

奔跑的健将

蒙古马

类目：哺乳纲奇蹄目马科

体长：100~150米

中国马业的当家明星

蒙古马的体形矮小，皮毛厚密，能够忍受冬季的酷寒。头较大，颈部较短。其生存环境比较恶劣，但练就了它们强健的体魄和非凡的生存能力。

● 在寒冷的时候，蒙古马相互取暖

蒙古马具有吃苦耐劳的本性，即便是在极其寒冷的条件下，聪明的蒙古马会牢牢地靠在一起，彼此摩擦着，相互取暖，用热传递的方式增加彼此的体温。正所谓患难见真情，不是只在人类中体现，动物中同样可以，蒙古马就做到了。

● 战场上，和主人共进退

在古代，蒙古马通常被蒙古人当作军马使用。经过长时间的调驯，蒙古马性情温顺，在战场上表现得不惊不乍，驮着自己的主人奋战在战场的最前端。不管在多么凶险的情况下，没有主人的命令它们都不会退缩，英勇无比。不得不承认，这是许多动物无法相比较的。

动物原来是这样

●四肢强健，擅长走山路

蒙古马的产地被山环绕，所以蒙古马从小就擅长走山路。那强健的四肢，简直就是为此量身打造的。它们走山路如履平地一般，迅捷快速，很有大将风范，再配上它们素有"铁蹄"之称的坚硬蹄子，就更是如虎添翼了。

奔跑的健将

● 强健体魄，远离疾病

　　蒙古马绝对不像其他的动物一样爱生病，强健的体魄为它们加了不少分数。蒙古马没有挑食的坏习惯，任何时候都会尽情地吃，尽情地喝，永远不会因为饭菜不合胃口而乱发脾气，或者干脆走人，这完全不是它的性格，所以蒙古马在夏秋上膘快，冬春掉膘慢，体况不会因为季节的转变发生特别显著的变化。对于一般疾病具有很强的抵抗力，根本就不会将一些常见的胃肠疾病与呼吸系统疾病放在眼里。

动物原来是这样

动物档案

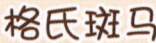

格氏斑马

类目：哺乳纲奇蹄目马科

体长：2～3米

反应迅速的"顺风耳"

格氏斑马的体形大，形态优美，身上长有黑褐色与白色相间的光滑条纹。条纹规则雅致，长得细密整齐，具有观赏性。胸部和腹部为白色，没有花纹。鬃毛很长，蹄子宽大，尾巴长。格氏斑马的身体是天然的保护色，能够避免狮子的捕食。

● 在进食、觅食时，警惕性很高

格氏斑马的听觉非常敏锐，即使在进食的时候也会警惕地竖起长长的大耳朵，以警惕突如其来的危险。而且在觅食的时候，还会由群体成员轮流负责警戒工作，站在高处放哨，眼睛注视着远方，一旦发现有危险逼近，就会立刻发出长嘶的警告信号，告诉群体赶快逃跑。幸运的是，格氏斑马群体一次次躲过了捕食者的追击。

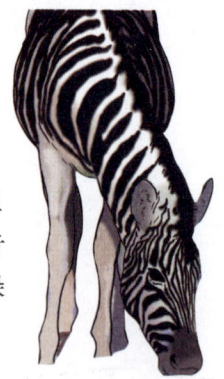

● 我和朋友混居，躲避敌害

格氏斑马生性温顺，不但群体成员之间的关系非常友好，还可以和鸵鸟、长颈鹿、羚羊等食草动物混居在一起，外出觅食，分享食物，交流信息，团结一心，目的就在于躲避强敌的迫害。格氏斑马这样的性情，也成为捕食者的一大困扰，大大降低了捕食者的成功率。

奔跑的健将

● 有水的地方就有我的族群

格氏斑马在奔跑方面是数一数二的好手，所以身体的耗水量比较大。为了能及时补充身体所需的水分，格氏斑马从来不会走到远离河流的地方去觅食，即使在慌乱奔跑的时候不幸和群体分散，也会在很短的时间找到另一个群体加入。因为每到一个地方，它们的第一件事情就是找到河流，有水的地方就有格氏斑马群的存在，所以根本不用担心单独作战。

● 和捕猎者玩捉迷藏

格氏斑马主要在多山和起伏不平的山地生活，这样的地理位置为格氏斑马的生存带来了颇多好处。格氏斑马生性聪颖，它们偶尔和捕食者玩一点儿新花样，在山石之间来回跳跃，速度非常快，"嗖"地一声不见了踪影，外加身上的天然保护色，常常将捕食者搞得晕头转向。捕食者没有办法，只能失望而归。

动物原来是这样

● 你叮我，我拍死你

格氏斑马奇特的尾巴为它驱赶蚊虫派上了大用场。草原上的蚊虫较多，经常叮咬格氏斑马身体，它怎能容忍这种无名小辈欺辱自己，所以是一定要还击的。此时，格氏斑马会高高竖起尾巴，瞄准疼痛的位置，一尾巴甩过去，速度非常快，有效地驱赶或打死蚊虫。

● 在晚上，我们更安全

当夜幕降临的时候，为了躲避狮群的追击，格氏斑马会分散开结成几个小群，因为大片的斑马群会更加"引狮注目"。等到太阳升起的时候，斑马才会重新聚集到一起，外出觅食，共同抗敌。而且，在漆黑的夜晚，狮子围攻斑马极少会成功，因为斑马天然的保护色，在夜晚奔跑起来与黑夜融为一体，更加不易辨别，狮子在这个时候发起进攻简直愚蠢至极，所以夜晚是斑马最安全的时候。

奔跑的健将

野驴

类目：哺乳纲奇蹄目马科

体长：250厘米左右

大胆的"好奇宝宝"

野驴的体型较大，体色为黄棕色，耳长，蹄小。野驴感官敏锐，视觉和听觉特别发达，能够及时发现天敌，迅速逃跑。野驴栖息在高原或丘陵地带，单独或成群活动。野驴清晨到水源处喝水，白天在水源附近觅食，傍晚回到栖息的地方。

● **快跑，有危险**

亚洲野驴的警惕性非常高，它们的听觉、视觉都非常好，就连吃草的时候，都不忘时不时抬头看看，环顾一下四周，然后再低头继续吃。一旦发现危险，就会大声叫唤，意思就是"有危险，大家快跑啊。"

● **我跑，你追不上吧**

亚洲野驴一旦发现敌害接近或者是袭击，首先会静静地抬头观望，凝视片刻，好像在思考着什么，之后就会扬蹄疾跑。等到把敌人远远地甩后面，感觉已经安全了，才会停下站立，回头看看，如果看到敌人的影子，就会继续跑。亚洲野驴已经做到了让敌人望眼欲穿的境界。

动物原来是这样

● 入夜前各自找好栖息地，和对手玩捉迷藏

野驴非常害怕黑夜的到来，因为夜晚一不留神就会遭到豹子袭击。不过对于长期生活在草原上的野驴来说，早就有了准备。野驴群会在天黑之前，解散群体，各自寻找栖息地。在夜幕降临的时候，这些单个的野驴就好像是孤零零的灌木一般，甚至像一块石头，野驴就这样和那些夜间出来觅食的猛兽们玩起了"捉迷藏"的游戏，所以豹子很难捉到它们。

奔跑的健将

● 对抗鬣狗，我们"踢"

在大自然中，野驴属于弱势群体，唯一的秘密武器就是"踢"。白天会看到成群的野驴一起活动，它们要对抗鬣狗的袭击。面对鬣狗这样难缠的对手，野驴也有妙招。它们会背对着鬣狗，围成一个圆圈，只要鬣狗靠近，就抬起后腿，猛地给鬣狗一脚，让鬣狗摔个大马趴，再也站不起来。就这样，野驴群一次又一次逃过了鬣狗的追捕。

动物原来是这样

动物档案

貘

类目：哺乳纲奇蹄目貘科

体长：1～3米

犀牛的亲戚

貘的体型像猪，鼻子长且突出，能够自由伸缩，毛发少且长，尾巴短，皮厚。貘的性格胆怯，遇到敌人的时候第一反应就是逃跑或者躲到水中。

● 洗泥浴，驱蚊虫

貘的尾巴较短，因此不能防止和驱除蚊蝇的蜇咬。为了解决这个问题，貘只能每天在泥潭里面打滚，将自己弄得浑身脏兮兮的，全身上下都散发着淤泥的臭味，蚊虫对于这样的味道相当敏感，自然不愿意再靠近貘一步了。为了让自己生活得更舒服，貘选择了这种看似并不聪明的聪明方法。

● 打倒敌人，拼尽全力

实在无路可逃时，貘就只有挺身应战了。开始，它会发出咆哮声吓唬捕食者，如果不费吹灰之力就可以将对手吓跑就太棒了，但是这对于经验丰富的捕食者根本起不到任何作用。所以，这时貘会拼命冲撞过去，用坚硬的头颅撞倒对方，之后就趴在对方的身上张开嘴巴露出锋利的牙齿，像是疯了一般地撕咬着，与此同时还会用脚踩对方的身体。总之，为了自己的生存，它一定会拼尽全力将对方打倒。

奔跑的健将

● 我们能长时间在水里呆着，躲避敌人

貘非常喜欢在水里面呆着，一来为了逃避敌人，二来为了冷却身体。在遭遇敌害的时候，貘会迅速跑到水里沉浸在水中，然后把自己的长鼻子伸出水面进行呼吸。呼吸正常的貘可以在水下待一个小时，这样一来就给自己争取了充足的逃生空间，所以貘很少会成为捕食者的餐点。

动物原来是这样

袋鼠

类目：哺乳纲袋鼠目袋鼠科

体长：70～80厘米

用袋子养孩子的动物

袋鼠最大的特点就是雌袋鼠有一个哺育孩子的大袋子。袋鼠的后腿强健有力，不会行走，只会跳跃，最高能跳到4米，最远能跳到13米。袋鼠的家族观念很强，不容许外族成员进入自己的领地，并且家族里有很多的规矩，袋鼠都要遵守。

● 我的尾巴大有用处

袋鼠在每一次跳跃的时候，都会习惯性地用尾巴保持平衡，即便在慢慢地走来走去的时候，尾巴也会成为它的第五条腿。袋鼠的尾巴长得又粗又长，上面布满了肌肉。袋鼠依靠尾巴在休息的时候支撑身体，还可以在跳跃的时候起到助力作用，帮助袋鼠跳得更快更远。袋鼠利用自己的尾巴，为自己谋求了无穷的生存价值。

奔跑的健将

● 孕妈妈非常小心谨慎

对于那些怀孕的袋鼠来说，照顾好肚子里面的宝宝是非常重要的，尤其是对于那些即将要做妈妈的袋鼠来说，它们会变得更加谨小慎微。它们从来不会在天气不好的时候外出，若是天气晴和，才会到外面晒太阳，呼吸新鲜的空气。一般情况下，那些怀孕的袋鼠总会等到袋鼠家族的其他成员都出去之后，自己才会探头探脑地溜到门口东张西望，然后竖起长长的耳朵听一下有没有什么动静，等到确定没有危险的时候，才慢慢挪到外面。为了自己的宝宝，还真是小心翼翼呀。

动物原来是这样

● 宝宝，一定要好好在育儿袋里待着

幼仔出生之后会在袋鼠妈妈的育儿袋中活动。小袋鼠因为好奇，常常把自己的脑袋和身体露出袋外，这时，袋鼠妈妈会变得紧张兮兮，东瞧瞧、西看看，生怕自己的孩子有危险。当发现危险逼近的时候，袋鼠妈妈会在第一时间将育儿袋收紧，把孩子保护得非常严实，担心在奔跑的过程中把孩子甩出去。有时候，为了让孩子赶快进入育儿袋中，袋鼠妈妈还会将身体站起来，用前腿把外露的孩子死死地按进育儿袋中。袋鼠妈妈为了自己的宝宝健康长大，真是用心良苦啊！

奔跑的健将

非洲象

类目：哺乳纲长鼻目象科

体长：6~8米

陆地上最大的哺乳动物

非洲象是陆地上最大的哺乳动物，耳朵大，皮厚，身上有很多的褶，毛很少。非洲象长着弯弯的象牙，主要以草根、香蕉、树芽等植物为食。非洲象每天用16个小时来采集食物，一只成年象每天能够吃进150~280千克食物，其中60%都被排泄出去了。

●等级森严，秩序井然

在非洲象的家族中，每一个群体都有非常严格的等级制度，这体现在生活的每一个细节中。一起外出行动的时候，需要按照地位的高低排序，就连吃喝、交配以及走路的队形都秩序井然，不能出现纰漏。这样有序的生活，让群体中的每一个成员都能够和平、友好地相处，团结一心，快乐地生活。

●在泥泞地里快点走，跨步大

非洲象不喜欢在泥地里行走，每一次经过泥泞的道路，它们都会变换一种步调，一改往日的步伐，将步子迈得非常大，几乎是平时的一倍。而且非常奇怪的是，它们的每一次跨步都会尽力将腿抬到最高的位置，再弯起腿，轻巧地下落。因为它们想要尽快地走过泥地，所以才要跨得更远一点喽！

动物原来是这样

●我们用气味和声音沟通

即使在茂密的森林中,非洲象也不会和同伴失散或者迷路,为什么呢?主要是因为每一个群体都有群体成员之间特殊的联络信号,即在每一个经过的地方留下自己特殊的气味,所以不管走出多远,都能够找到家族的去向。除了信号,它们还依靠额上一个能震颤的部位发出声音信号,频率大多在低频的14~24赫兹之间,人耳完全听不到,所以根本就不用担心会将人类吸引过去。非洲象的特殊气味和独一无二的信号,将每一个种群的成员紧紧地连在了一起。

奔跑的健将

● 保护孩子，是我们的责任

任何动物的进攻都不会对成年非洲象构成威胁，但是对于幼象而言，就无力抵挡狮子、鬣狗、野狗以及秃鹫之类比较凶残的动物的袭击了。为了保护小象，在休息的时候，非洲象群体会常常站成一圈，时刻保持警惕，以便进行防御和自卫。雌象变得更加小心翼翼，即使感觉到一点危险，都会用自己的长鼻子来提醒小象：注意啦！尤其当群体进行长距离、大规模迁移的时候，小象必须紧紧地跟上群体的步伐，雌象会不离左右地保护小象，以便可以随时击退那些试图进犯的食肉动物。非洲象对于自己的后代，真是呵护备至呢！

动物原来是这样

旅鼠

类目：哺乳纲啮齿目仓鼠科

体长：12~15厘米

忙碌的"收割机"

旅鼠喜欢与家族朋友们一起生活，而且繁殖能力非常强。它们可以在有灌木生长的高地草原和湿原间进行小规模的迁徙，冬天在有避荫的低地避寒。如果饿了，旅鼠会摄食一些莎草、草本植物和小嫩枝等植物。

● 传宗接代的好本领

旅鼠是一种常年居住在北极的哺乳类小动物，比一般的老鼠还要小一些。遗憾的是，这可爱的小动物寿命通常不过一年，尽管如此，旅鼠却是全世界繁殖能力最强的动物。一年内它们可以生产7胎至8胎，而一胎平均有12只幼崽。也就是说，旅鼠每生产一次，它的幼崽就可以组建一支足球队加一个裁判。20多天后，幼崽就具备了生育能力。这么可怕的繁殖能力，目前科学界还没有给出一个为什么的答案。

● 暴走的旅鼠

旅鼠的繁殖能力天下第一，而旅鼠过多就会给自然界造成食物匮乏，生存空间不足等诸多问题。这时候旅鼠会做出很多让人猜不透的举动。原本胆小怕事的旅鼠这时却变得高调起来，吵吵嚷嚷，东奔西

跑，甚至患上厌食症。不止这样，它们还敢和天敌勇敢地战斗。总之，它们会千方百计地吸引敌人到来，就像飞蛾扑向火焰自取灭亡一样。这种自我暴露的"营救方式"至今是个谜。

● 极端的计划生育法

当旅鼠过多时，很大一部分旅鼠会选择自动迁移。一开始它们东奔西跑毫无目的，但没过多久它们就会像接到命令一般往同一个方向迁徙。不管前路有什么，它们总是不畏险阻，沿着笔直的路线奋勇向前，直到跳进大海。尽管旅鼠善于游泳，却终被波涛淹没。计划生育是好事，也犯不着"集体自杀"嘛。

动物原来是这样

动物档案

猞猁

类目：哺乳纲食肉目猫科

体长：90～130厘米

谨慎、有耐心的典范

猞猁的外形与猫相似，但是比猫大，身体粗壮，四肢较长，尾巴短粗，尾端呈钝圆。耳尖上长有明显的丛毛，两颊长有下垂的长毛。脊背的颜色深，全身上下布满了如豹子一样的斑点，这些斑点帮助它们在丛林中捕食和隐藏自己。

● 对付敌人自有一套计谋

猞猁谨慎狡猾的性格，总是能让天敌捶胸顿足，欲哭无泪。当猞猁遇到危险的时候，它会迅速地逃到树上躲避起来。这样，像老虎、豹子等动物就对它无可奈何。当遇到强悍的对手时，猞猁不会硬碰硬，而是安安静静地躺在地上，一动不动，屏住呼吸。这时对方会上前嗅嗅，发现猞猁已经"死"了，就会失望地离开。此时的猞猁会慢慢睁开眼睛，环顾四周，觉得自己安全了，就会立刻站起来，一溜烟地跑掉。

● 沉得住气的猎人

猞猁在饥饿的时候，常常借助灌丛、石头、大树、草丛等进行埋伏，它对周围的环境十分警惕，潜伏在暗处，对路过的猎物进行捕杀。令人佩服的是，猞猁极有耐心，往往能在一个地方安静地等上几

奔跑的健将

个昼夜一动不动，待到猎物出现时，会出其不意地杀出，直击要害，让猎物成为自己的腹中餐。

● 不气馁的猎食者

有时候猞猁追逐猎物会失败，但它不会垂头丧气，而是转头返回原地，继续在草丛中藏着。如果看到猎物在专心致志地取食，它不会打草惊蛇，而是缓缓地接近，等到时机成熟再迅速出击，将猎物捕获。

动物原来是这样

非洲狐獴

类目：哺乳纲食肉目獴科

体长：25~35厘米

会打洞的"小耗子"

非洲狐獴的腹部和脸部呈淡棕色，背部呈银棕色，背上后半部分，有8条深色的横纹，眼睛有深色的眼圈，细瘦的尾巴末端毛色也较深。

● 我挖，我挖，我到处挖

茫茫草原上群雄逐鹿，生存斗争尤为激烈。是什么让弱小的狐獴轻易逃脱豺狼虎豹的爪牙呢？因为它们为自己修建了许多密道与洞穴。为了生存，狐獴家族在荒漠上四处挖洞，几乎在它们经过的地方都打出了洞。每当遇到危险的时候，非洲狐獴就立刻朝着最近的洞口跑去，一边跑一边发出奇怪的叫声，告诉同伴"这里有危险，赶快逃命"。狐獴凭借着这种特殊的聪明机智，才使得其家族能够在大草原上占有一席之地。

● 保姆与妈妈没有区别

狐獴们懂得团结协作，家族成员之间十分和谐，相亲相爱。当小狐獴出生的时候，家族成员会专门安排保姆照顾，保姆会像母亲一样照顾小狐獴的饮食起居。如果发现小狐獴的床不够舒适，会立刻去外面找来合适的材料，增加床的舒适度。小狐獴尿床了，保姆会在第一

时间帮小狐獴清理。即使保姆正在进餐，一旦小宝宝遇到危险也会立刻停止进食，前去保护。这保姆还真是一个忠心的"管家"呢！

● 晒晒太阳身体更健康

　　在冬季，狐獴每天早晨起来都会晒晒太阳，然后开始一天的劳作。这是由于狐獴为了恢复在一夜之间失去的5%的体温，通过晒太阳来快速恢复体温，增加能量这个做法省时省力又环保，何乐而不为呢？

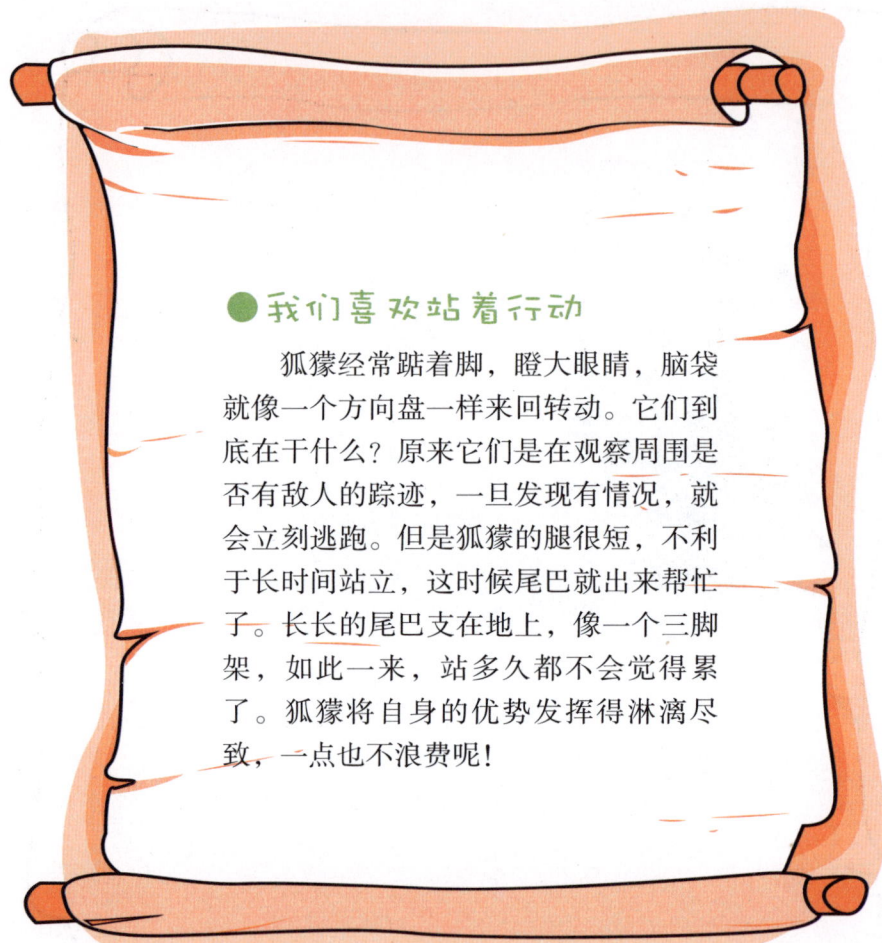

● 我们喜欢站着行动

狐獴经常踮着脚，瞪大眼睛，脑袋就像一个方向盘一样来回转动。它们到底在干什么？原来它们是在观察周围是否有敌人的踪迹，一旦发现有情况，就会立刻逃跑。但是狐獴的腿很短，不利于长时间站立，这时候尾巴就出来帮忙了。长长的尾巴支在地上，像一个三脚架，如此一来，站多久都不会觉得累了。狐獴将自身的优势发挥得淋漓尽致，一点也不浪费呢！

奔跑的健将

动物档案

蜜獾

类目：哺乳纲食肉目鼬科

体长：60～100厘米

擅于合作又大胆的捕猎高手

蜜獾的体型强壮，头部、背部以及尾巴都是银灰色，其他的部分是深棕色和黑色，修长的前爪很适合挖掘。其猎物主要包括蝎子、白蚁、豪猪等。蜜獾又称疣猪。

● 注意生活的细节

疣猪长得很凶猛，两颗长长的獠牙让人心生畏惧。疣猪在荒漠中几个月不喝水也能存活下来，它们会在泥巴里打滚来消暑或者除掉寄生虫，等泥巴变干之后又可以起到"防晒霜"的作用。疣猪有个小伙伴叫做黄犀鸟，它们互帮互需，快乐在生活在一起。

● 换个方式回家

有些疣猪生活在干旱暴热的荒漠里，为了躲避掠食者，当然也是为了免遭太阳的暴晒，就住在洞穴里。虽然它们非常善于挖洞，但它们经常利用其他动物的已经挖好的洞穴作为自己的家。最独特的是，一般的动物在进洞时都是头先进去，逃命的时候更是这样，有时候还会被卡在洞口，进退两难。但疣猪进洞的时候却是后半身先入，头始终对着洞口，这样就能先用它的獠牙来对抗入侵者。这个创意是不是很聪明呢？

● "先下手为强"的出行方式

疣猪在江湖上摸爬滚打也是很多年了，它们总结出了许多有效的防敌术。其中有一个很有意思，每天清早起来，当很多小动物慢慢悠悠地从洞口探出脑袋的时候，疣猪却非常激动地从洞口狂冲出来，天天如此。它何必如此着急呢？原来这也是防敌术之一，高速冲出洞口就可以给那些等在洞口的敌人一个出其不意的攻击，疣猪可以凭借它尖锐的獠牙先下手，如果真有什么敌人，也早就被自己的冲锋炮撞飞了。

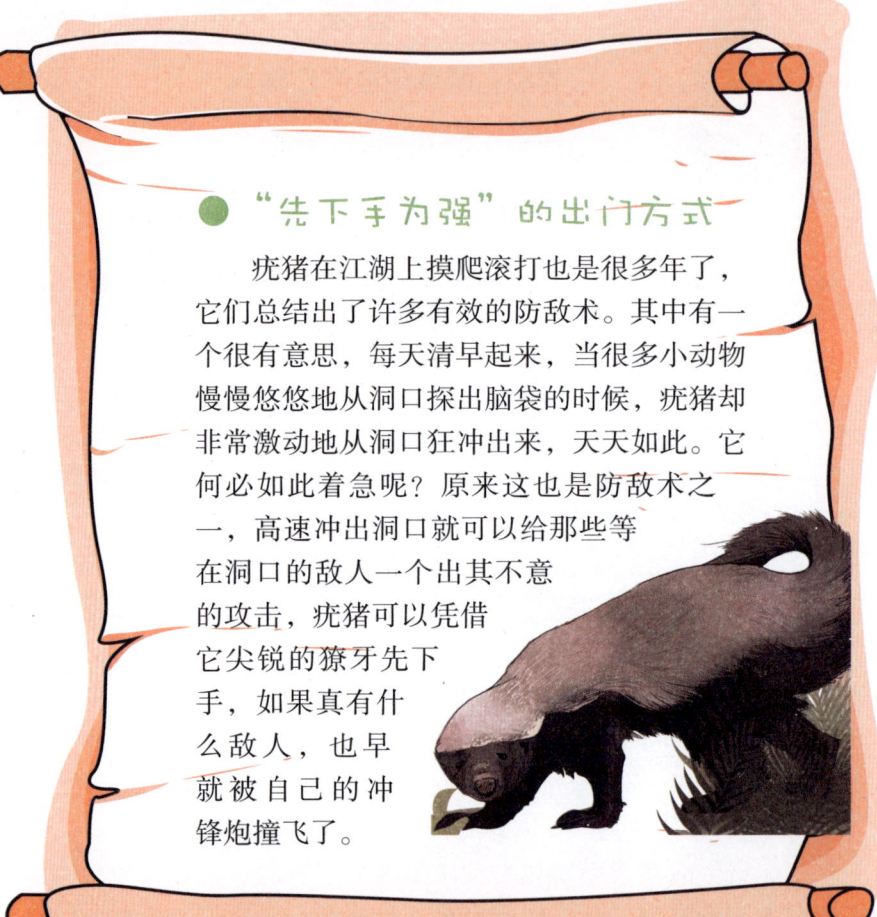

奔跑的健将

黄鼠狼

类目：哺乳纲食肉目鼬科

体长：25～40厘米

动物界中的黄半仙

黄鼠狼周身的毛色呈棕黄或橙黄，因此而得名。黄鼠狼最大的特征就是状似鼠但身长尾大，四肢较短，身躯消瘦，身手敏捷，一旦遇到危险就会从肛门分泌出臭液进行自卫。它主要生活在山地和平原，居于树洞、石洞或倒木下。

● 吃刺猬，放臭液

刺猬浑身长满了尖锐的利刺，这可是它防身的法宝，无论多么凶猛的猎食者都拿刺猬没有办法，可是黄鼠狼偏偏有降伏刺猬的高招。首先，黄鼠狼会先对刺猬进行观察，当知道唯一可以突破的地方就是刺猬那光溜溜的肚皮后，就靠近蜷成一团的刺猬，对准它喷出独门秘笈——臭液，这天下无敌的臭液，刺猬怎么可能抵抗的了？坚持了几分钟，刺猬就投降了，慢慢地把身体打开了，这时黄鼠狼对准它的肚皮猛咬一口，美味的刺猬肉就到口啦。

● 智救落水同伴

有人亲眼见过这样一幕，一只黄鼠狼掉在了深约2米的沟里，沟里还有不少水，这只黄鼠狼慌张得不得了，不断地跳着想跳出沟。这时它的同伴们来了，看到落难的兄弟，黄鼠狼们就想办法要救它。但是

动物原来是这样

如果它们自己也跳下去，大家就都玩完了。聪明的黄鼠狼想出了办法，它们后一个咬住前一个的尾巴，"衔接"起来下沟里去，最下面的就伸出嘴去咬住往上跳的同伴的前肢，一连试了几下，终于抓住了，然后用力往上一拉，就把落难的同伴救了出来。黄鼠狼遇到危险会想办法，真是聪明啊。

● 不为一时之快断送食粮后路

中国自古就有"黄鼠狼给鸡拜年——没安好心"的歇后语，但是偏偏就有不偷鸡却偷鸡蛋吃的黄鼠狼，这是怎么回事呢？在某地农村，发生了一件匪夷所思的事情，人们发现家里的母鸡刚刚下的蛋不见了，而且没有发现蛋清的痕迹，后来他在一个黄鼠狼的窝里发现了碎蛋壳。黄鼠狼似乎知道把鸡吃完了就没有下一顿了，而鸡蛋却可以天天有。不为一时的贪吃断送了自己的食粮，黄鼠狼的智慧不容小觑。

斑鬣狗

类目：哺乳纲食肉目鬣狗科

体长：约1.3米

草原上的猎食专家

斑鬣狗是体型最大的鬣狗，颈部和背部的鬃毛可以竖起来，而且都是向前而非向后倾，受到刺激时会挺直竖起。雌性的体型比雄性约大10%，雄性的器官外露，因此很难从生殖器官上分辨雌雄。

● 我也会"借刀杀人"

在非洲的大草原上，鬣狗家族像保镖一样跟随在猎豹身边，看似和睦，其实鬣狗们心里打着自己的如意算盘。每当猎豹成功地扑倒一只羚羊，却因为猎物个头太大而不能带回树上慢慢享用时，鬣狗"特派员"就会立刻通知其他成员赶来助阵，猎豹眼看对方数量多，也只能悻悻地躲回树上去。就这样，一顿白得的美餐到手了。

● 等级制度不能乱

斑鬣狗家族有鲜明的等级制度，这可能是它们智力进化的原因。年长一些的斑鬣狗会有规律地来到洞穴，让斑鬣狗幼崽有机会学习斑鬣狗群体严格的等级制度。在斑鬣狗群落中，有一只雌性鬣狗居于最高统治地位，在它下面有一系列等级。每只斑鬣狗幼崽都要学习如何适应自己所在的等级位置。这种等级制度让家族行动更有统一性，群落也更和谐。

动物原来是这样

● 我也是"清道夫"

斑鬣狗没有狮子的利爪,没有豹子矫健的肌肉,也没有角马凶猛的蹄子,有腿却短,有爪却钝,但是它们却在草原上生活得有滋有味,更重要的是斑鬣狗很少自己捕食。那它们靠什么活下去呢?原来,它早就有自己的打算:我就吃别人剩下的。于是,它们就专门捡别人吃剩下的碗底子,当上了"清道夫"。这是鬣狗类动物的主要特点之一。

奔跑的健将

● 食物大家享

人们对斑鬣狗的误会很深，认为它们胆小猥琐不劳而获。实际上斑鬣狗不仅会自己捕食，而且还会把食物给同伴分享。当斑鬣狗捕到猎物后，会发出"痴痴"的笑声，这是召唤其他斑鬣狗前来共享的信号。食物共享可以提高群体间关系的和谐度，大家的感情好，生存能力自然也会更好，这种举动显示出斑鬣狗是一种情商很高的动物。

动物原来是这样

土拨鼠

类目：哺乳纲啮齿目松鼠科

体长：30~40厘米

爱"接吻"、擅交流的建造师

土拨鼠，又称为草原犬鼠，一直以来居住在美国、加拿大和墨西哥。草原犬鼠的居住环境十分有趣，它的洞穴大多有两个出口，一个出口是平的，另一个出口是隆起的土堆。

● 我是房屋建造师

土拨鼠是天生的房屋建造师，它们对地下工程的建设从不马虎。土拨鼠主要用前肢往地下挖掘，后肢往外蹬土，洞口高出地面以防进水，洞口附近会有避难室，再往下还有储藏室、居住室、厕所等，一般地道尽头还有铺了柔软草垫的主巢，基础设施相当完善。它们的家可以算得上是一座地下王宫了。

● 鼠语？术语！

土拨鼠用专门的鼠语进行交谈，对各种事物都有自己独特的术语。有实验显示，当它们遇到不同的动物时，会发出不同的声音，如果用计算机记录下来的话，可以直观地表现出土拨鼠各种叫声所代表的意义。比如，在播放土拨鼠看到北美小狼时发出的警报录音时，似乎在告诉同伴："喔，北美小狼来了！快点儿藏好！"于是土拨鼠们

奔跑的健将

就会四处躲藏，并且发出"吱吱"的叫声，用四肢用力蹬地，以此来相互传递危险信号。

● 我们自建"空调"屋

土拨鼠聪明到可以自己发明"空调"。它们的洞穴有两个出口，一个是平的，而另一个则是隆起的土堆，隆起土堆的洞口气流速度大，压强减小，因此在洞内外便产生压强差，洞口上下方的压力差形成一个向上的压力，使气体朝隆起土堆的洞口流出。同时洞内气压逐渐降低，另一平的洞口上方气压较高，地面上的风从这一洞口吹进了犬鼠的洞穴，空气流动起来，让土拨鼠凉爽一夏。

动物原来是这样

● 用接吻解决事端

　　土拨鼠之间经常会发生一些争执，不过，很多情况下它们都是通过社交沟通来解决问题的。当土拨鼠在它们的洞口相遇时，会先进行一套识别的仪式。它们会互相整理毛皮，游戏和"接吻"：在接吻时双方嘴碰嘴并且龇牙咧嘴，这实际上是一种嗅觉和视觉的交流。一只入侵的土拨鼠在面对此种由"接吻"而展示的尖锐牙齿之时，通常都会逃避退却，而同属一群的成员会坦然接受。通过社交来解决问题，避免了由于争斗而产生的不必要的牺牲，看来它们也在向文明发展呢。

奔跑的健将

貉

类目：哺乳纲食肉目犬科

体长：50~65厘米

扬长避短的机灵鬼

貉的外形与狐相似，但长得肥胖，面颊长有长毛，四肢和尾都很短，体背与体侧毛均为浅褐色或是棕黄色，腹毛的颜色呈浅棕色，四肢的颜色呈浅黑色，尾末端的颜色接近于黑色。貉的毛色随地区和季节的不同而发生改变。貉主要分布在朝鲜、日本和中国等地。

● 居所要因时、因事制宜

貉没有固定的居所，一年四季随季节的变化而选择不同类型的居所。夏季，貉会选择靠近水源比较凉爽的岩洞或洞穴居住；冬季，为抵抗严寒，它会选择保温性能良好的深洞居住；繁殖期时，它会选择浅一些的洞穴居住，因为这样能方便产仔和哺乳。貉即便在同一个季节，也可能会因气候的变化、食物来源、产仔或孩子的安全考虑而经常变换居所。

● 我吃，我睡，我好吃懒做

貉在入冬之前都特别能吃、能睡，给人留下了好吃懒做的印象。事实并非如此，因为寒冷的冬天就要到了，貉只有多吃多睡才能储存更多的脂肪，这些脂肪既是它冬眠时的"粮食"，又是防御严寒

动物原来是这样

的"保暖衣",这是能否度过寒冬的关键。所以,每到严寒来临之时,貉都会有如此行为。

● 看我的迷魂大法

貉的听觉不是很灵敏,视觉也不好,它深知自己的不足,所以经常在洞口作不规律的走动,让足迹看起来很混乱,甚至模糊不清,如此便可迷惑敌人,让敌人不知道它的家到底在哪里。另外,它常常会在猎物面前表现得既温柔又大方,并且还略显笨拙,以此让猎物放松警惕。可是,一旦猎物放松了警惕,它就会凶相毕露,反应超灵敏地将猎物捕获。攻其不备这一招被它用得是炉火纯青。

奔跑的健将

壁虎

类目：爬行纲有鳞目壁虎科

体长：3~15厘米

调虎离山的高手

壁虎有很多别名，比如"守宫"、"爬壁虎"、"爬墙虎"、"蝎虎"、"天龙"等。壁虎体背、腹扁平，身上密密麻麻地排列着粒鳞或疣鳞，指、趾端向外扩展，腺毛密布，具有很强的粘附能力，可以在墙壁、天花板或者光滑的平面迅速爬行。

● 为了逃跑，赶紧断尾

壁虎有一个特殊技能，那就是当它即将丢掉小命的时候，会不惜舍去尾巴然后逃脱，断尾求生。而且断掉的尾巴的神经还没有死亡，会不停地蠕动，能吸引敌人的注意力，有了假目标的掩护，就更加方便壁虎逃脱。可是丢了尾巴就成了残疾壁虎啦，这可怎么办呢？放心吧，壁虎的尾巴是可以重生的，过不了几天就会长出一条新的，以备下一次逃脱之用。所以壁虎的尾巴又被称作"第二次生命"，是不是很形象呢？

● 壁虎能够飞檐走壁

你可能会觉得奇怪，壁虎怎么能飞檐走壁呢？难道它脚底有胶水或者它练过什么武功吗？其实壁虎足上有无数个微钩，能轻易抓住物体表面上微乎其微的小突起，所以壁虎能在墙壁、天花板或光滑的平

面上行走自如。如果你有勇气将墙上的壁虎扯下来的话，你会发现，扯它下来是需要一点力气的。

● 嘘，别催，我在捉蚊子呢

有人开玩笑说，家里穷得只能靠壁虎捉蚊子了。壁虎的确是捉蚊子的高手，捕蚊子的成功率达到100%。壁虎捕食时，总是表现出极大的耐心。它悄悄地慢慢地接近猎物，但绝不会靠得很近，一般都保持2～3厘米的距离，伺机而动。它捕食不是直接用嘴，而是像蜥蜴一样用长长的灵巧的舌头，舌头在瞬间像箭一样射出去，又迅速收回，就完成了捕食任务。这叫不动则已，一动就有食物。有些事，慢一点还是很有好处的呀！

奔跑的健将

动物档案

穿山甲

类目：鳞甲目鳞鲤科

体长：50～100厘米

擅长打洞储存食物的动物

穿山甲主要生活在热带、亚热带地区，通常栖息在丘陵、山麓和灌木丛中。它们擅长挖洞，大多将洞穴建在泥土地带。

● 消灭白蚁，我有责

小小的白蚁是最招人讨厌的森林破坏者，而穿山甲则是白蚁的克星。一只成年穿山甲的胃最多可以容纳500克的白蚁是名副其实的森林守护神。一块250亩林地中，只要存在一只成年穿山甲，白蚁就不能对森林造成危害。

● 吃不完我就藏起来

穿山甲可以用它像钻子一样的身体不断地挖掘蚁穴，若遇到一点嘈杂的声音，它就会立刻遁土而去。一旦发现蚁巢，它就伸出舌头全部舔干净。有时运气好，遇到大蚁巢，一次性吃不完，它就赶紧用泥土封闭洞口，到了第二天晚上，再来取食剩余的白蚁。

动物原来是这样

● 占领蚁穴，吃饱了就睡，生活有滋有味

那穿山甲住的地方又是怎样的呢？告诉你吧，当穿山甲把整个蚁穴扫荡干净后，白蚁辛苦建造的房子就成为穿山甲的新居了。穿山甲会往蚁穴里搬一些枯叶垫上去，那么它的新家也就可以居住了。有时它在那里住几个月，有时就只住3~5天，然后就搬走另寻妙处。穿山甲的住处冬春季节多选择在向阳避风处，夏秋季节则选择在阴凉通风的地方，从不马虎。可见穿山甲对生活还是比较讲究的。

奔跑的健将

动物档案

犀牛

类目：哺乳纲奇蹄目犀科

体长：2.5～4米

动物中的硬汉

犀牛的腿短而粗，体肥笨拙，皮糙肉厚，厚厚的脂肪在肩、腰等处形成密密麻麻的褶皱。就是这样一个庞然大物，身上的毛被却少得可怜，甚至大部分都没有毛。犀牛的家在距离中国很远的非洲和东南亚等地，是动物界中最大的奇蹄目动物。

● 兄弟之间不争食

犀牛分为黑犀牛和白犀牛两种，它们共同生活在非洲大草原上。这两兄弟都是吃草的，难道它们不会内部竞争吗？答案自然是不会。因为它们的饮食方法大不相同，所以根本不会出现内部竞争，反而还会采用一种共同开发、各取所需的双赢策略。白犀牛的上唇很宽，可以吃矮小的草；而黑犀牛的唇比较突出，能采集嫩枝再用前白齿咬断。正是由于这两种犀牛的饮食方法有区别，它们才会共同和睦地生活在非洲大草原上。

● 在泥巴里洗澡，睡觉姿势特殊

犀牛光光的皮肤，使它们总是受到蚊虫的青睐与光顾。所以犀牛经常在水洼里打滚来防止蚊虫叮咬，同时，这么做还有利于保持身体的凉爽。真是一举多得。犀牛睡觉的姿势也很特殊，它们有时像狗一样卧倒，有时像马一样站着入睡，都是凭心情而定的。犀牛会利用声音来交流，它们能够用鼻子哼、咆哮、怒号等声音表达自己的情绪，打架时还会发出呼噜声和尖叫声，有趣的是，公犀牛和母犀牛在求偶时还会吹口哨呢。

● 犀牛鸟帮助犀牛消灭害虫通风报信

凶猛的非洲鳄鱼有牙签鸟做朋友，凶猛的非洲犀牛也有自己的鸟类朋友，这就是犀牛鸟。原来，犀牛的皮肤虽然坚厚，可是皮肤皱褶之间却又嫩又薄，一些体外寄生虫和吸血的蚊虫便趁虚而入，从这里把它们的口器刺进去，吸食犀牛的血液。这时，犀牛鸟就会帮助犀牛消灭这些害虫。而且如果有敌人偷偷入侵，犀牛鸟还会及时为犀牛通风报信，帮助朋友远离伤害。在家靠父母，出门靠朋友，犀牛也很懂这个道理的。

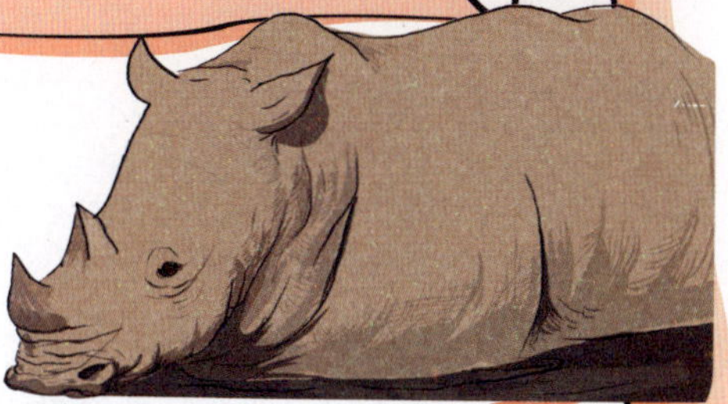

● 做一件泥巴衣服，保暖环保

犀牛全身光溜溜的，不像其他动物那样拥有皮毛保暖，那么到了寒冷的冬天，它是怎么御寒的呢？澳洲大戈壁的犀牛感到寒冷时，便把整个身体陷进泥沼，让稀泥浆沾满全身，然后离开泥沼，让太阳晒干，再跳下泥沼，如此几次，它能够把身上的泥做得足有一寸厚，这就有了御寒取暖的"衣服"。犀牛笨拙的外表下竟也有这么聪明的主意，是不是也让你大吃一惊呢？而且这件泥巴衣服易穿易脱，造价便宜，真是方便、温暖又环保啊。

动物原来是这样

动物档案

毛犰狳

类目：哺乳纲贫齿目犰狳科

体长：20~40厘米

拥有金钟罩的逃跑大师

毛犰狳，俗称"披甲猪"。虽然它长得怪模怪样，长相介于猪与穿山甲之间，却还和食蚁兽、树懒等树栖哺乳动物的血缘最为亲近。它和它们一同被称为"贫齿目"的古代物种。虽然字面上"贫齿"，但是与食蚁兽有所不同，犰狳有一副简单的圆形"牙齿"。如果你是第一次见到毛犰狳，一定会被它那可笑而奇特的怪模样深深吸引。因为它活脱脱就是一个"古代武士"，因此，又有人称它为"铠甲鼠"。

● **我有天然的金钟罩**

动物有天生的防卫屏障，毛犰狳就是其中一种。它们是唯一有壳的哺乳动物，身上的鳞片是由许多细小的骨片构成，每个骨片上长着一层角质的鳞甲，这就是天然的金钟罩了。有的犰狳在遇到敌害时会把自己卷起来，变成一个"铁球"，可以有效地保护自己，任凭敌人怎么撕咬，也伤不到它一根毫毛，真是叫人佩服不已。

● **挖地道可以找我，我还善于躲藏**

犰狳不仅有金钟罩，而且还擅长挖地道，是个非常会躲藏的动物忍者。犰狳躲在自然形成的洞穴或自掘的洞穴里，洞穴狭窄，截面为

奔跑的健将

圆形，直径有20～25厘米，有时可达63厘米长。通常地穴有几处分支，其中的一个终止在另一个巢穴里。一只能干的犰狳能打几个洞穴，每个又都有几处出口。这些洞口隐藏在树根间、空树干里或堤脚下，敌人很难发现。犰狳对自己家的布置也是很细心的，它会捡回柔软的树叶和干草铺在冰冷的地道里，这样就可以过得舒舒服服。

● 逃脱大师在此

犰狳是逃脱大师，现在就让他们欣赏一下它的逃脱路径多么丰富。犰狳可以凭借它的金钟罩翻越电篱，在浅水中蹚着过去。如果河流较窄，犰狳就深吸一口气，潜进水中；如果河宽，它就吸入空气，让肠胃涨满，然后游过去，从河底爬到对岸。在受到威胁的情况下，犰狳会奔向附近的树丛，用浓密的枝条作屏障，或者启动金钟罩，团成一个紧密的球。如果有一两分钟的时间进行躲避，它会飞速地刨出一个可以紧紧裹住身体的洞穴，敌人不仅打不动它，拽也拽不出来，只能气恼地离开。

动物原来是这样

动物档案

象鼩

类目：哺乳纲食虫目象鼩科

体长：40～60厘米

谨慎小心的动物

象鼩身材娇小，耳朵和眼睛都很大，尾巴又细又长，外表就像跳鼠或者更格卢鼠，身上覆盖柔软的毛发，呈浅黄至淡黑色，大多数有灰色的眼环，活跃敏捷，留给人们一种神秘的感觉。它的家乡在干燥多石的地方，虽然在别人看来这里的生存条件极为恶劣，但是象鼩却在这里快乐地生活着。

● 在觅食的地方打扫出一条路径，逃避敌害

象鼩生活在森林里。别看它名字里有一"象"字，就觉得它很庞大，实际上它并不大。最新发现的巨大象鼩大约也就700克。这么小的动物，在森林里自然会有很多敌人，所以象鼩自然而然地学会了很多保护自己的法门。象鼩通常会选择两个它经常觅食的地方，然后在这两点之间留下一条干干净净的路径，并且记住这条路上的所有细节。接着，它就会疯狂般地在这条路径上来回奔跑，只要当它发现这条路径有阻碍物就会停下来清除，因为一根小小的树枝也会使它在逃避敌害时吃大亏。

● 善于隐蔽的活化石

象鼩通常都喜欢在白天活动，而且十分活跃，但是你几乎很难找

奔跑的健将

到它们的身影，因为象鼩有一身令人羡慕的本领，它们懂得如何伪装且如何熟练地逃避危险，也许正是有了这种谨慎，才让它们成为"活化石"。据研究人员介绍，巨大象鼩的外形保持了2300万年而没有发生任何变化，且其进食方式很像食蚁兽。这样当之无愧的活化石，具有很大的研究价值。

● 千杯不醉

象鼩的好友笔尾树鼩有"千杯不醉"的雅称。成年的它们仅仅平均体重47克，依照体重比例，却可以摄入相当于成年人每天喝9杯葡萄酒的酒精量，真是太疯狂了。加拿大微生物学家马克·安德烈·拉钱斯说："其他动物也会摄入酒精，但不会像笔尾树鼩一样长期摄入。它们一年到头每天都摄入含酒精的食物，这很特别。"难道它们有什么伤心事吗？竟然每天都如此"豪饮"，而且它们还没有醉酒的现象。研究人员在笔尾树鼩经常采食的马来凸果桐附近用录像记录下它们的行动，结果发现，它们平均每晚在马来凸果桐上呆138分钟，不愧为"千杯不醉"。

动物原来是这样

刺猬

类目：哺乳纲猬形目猬科

体长：约25厘米

动物界中的哲学家

刺猬全身长满棘刺，仅头、尾及腹面被毛。嘴巴又尖又长，尾巴又短又细，每当受到惊吓的时候，就会全身棘刺竖立，卷成如刺球状，头和四肢立刻就不见了。不要说刺猬胆小懦弱，和乌龟一样怕事，这只是它的生存之道而已。

● 让刺上沾染环境的气味以保护自己

将自己隐藏在周围环境中，这对于小动物的生存是非常重要的。像刺猬这种美味的小动物经常得到猎食者的青睐，刺猬又不会伪装，那它是怎么和敌人捉迷藏的呢？刺猬在环境中发现某些有气味的植物时，会将其咀嚼后吐到自己的刺上，让自己保持当地环境的气味，以防被天敌发觉，也使其刺上可能沾染某些毒物，来抵抗攻击它的敌人。原来将环境气味与自身气味混淆也是一种好方法啊，刺猬真是把自己带刺的优势发挥到了极致。

● 我也能捕蛇

刺猬虽然平常胆子很小，行动迟缓，却有一套捕捉毒蛇的本领。它攻击毒蛇时，先展开蜷缩的身体，狠狠地咬毒蛇一口，等到毒蛇反应过来，闪电般地扑向它时，它已经把身体缩起来了，这时刺猬的

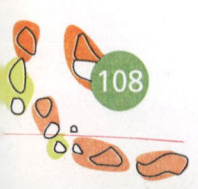

奔跑的健将

动作可一点儿也不迟缓。如此一来，毒蛇只能碰到硬刺。当毒蛇想要撤退时，刺猬则迈开小短腿，快步追上去，瞅个空子一扑，咬住蛇头。毒蛇不论怎样扭动身体，都甩不掉小刺猬，不一会就成为了刺猬的美餐。

● 拥抱取暖，共度寒冬

刺猬是低温动物，到了寒冬，它们必须与同伴相依才能保持体度温但是拥抱在一起挨得太近，身上会被刺痛；离得太远，又冻得难受。就这样反反复复地分了又聚，聚了又分，不断地在受冻与被刺之间挣扎。最后，刺猬们终于找到了一个适中距离，既可以相互取暖，又不至于被彼此刺伤。这也告诉我们，人与人相处要保持合适的距离，既不太疏远，也不会让人透不过气。

动物原来是这样

动物档案

蜘蛛猴

类目：哺乳纲灵长目悬猴科

体长：42~58厘米

尾巴功能非凡的猴子

蜘蛛猴是悬猴科中的一类特殊成员，也是猿猴类中最有趣的一种动物。蜘蛛猴个子很高，但是有点大腹便便；四肢细长，但是前肢上却没有拇指。毛茸茸的尾巴又细又长，可以轻轻松松勾住树枝。由于它爬树的动作酷似蜘蛛，因此得名蜘蛛猴。

● 我的"第五只手"——尾巴，有多种功用

蜘蛛猴的尾巴堪比大象的鼻子，异常敏感，缠绕抓曳能力特别强，不仅能协助攀缘，还能紧紧地缠绕在树枝上，像蝙蝠一样把身体悬吊在空中。在休息的时候，蜘蛛猴展示了猴子们特有的倒挂金钩的功夫，它倒挂着睡觉，即使睡熟了，尾巴也不会松开。蜘蛛猴的尾巴可以像手一样灵活地采摘和拿取食物，就像大象的鼻子一样可以卷起瓜果，甚至能够捡起花生一样大小的东西。其动作之熟练、抓曳之灵巧，在悬猴科中堪称冠军。因此，人们把蜘蛛猴的尾巴叫做它的"第五只手"，是不是很形象呢？

● 我的尾巴是散热器

作为蜘蛛猴的第五只"手"，只是充当手的角色还无法显示它的全部本事。它的这只"手"还有一个奇特的功能。尾巴里除了一般的血管

以外，还有一条直接连结动脉管的中静脉。在天气炎热时，尾巴就成一个散热器，就像沙漠狐的耳朵、狗的舌头一样；当天气转凉时，动脉血可以不通过小血管直接回到体内，这样就避免了将热量散失出去。蜘蛛猴的尾巴真是名副其实的自动调温器呢。

● 会特技表演，群居在一起，赶走入侵者

　　蜘蛛猴在林间跳跃的时候大有蜘蛛侠的气势，它们用灵活的四肢和尾巴在树梢上做特技表演，有时会张开四肢从这棵树飞到另一棵树上。蜘蛛猴是种胆小的动物，它们总是成群地生活在一起。遇到天敌时，它们会变得非常疯狂，发出狗一样的狂叫，并不断地投掷树枝和粪便，用这种可怕的方式来赶走入侵者。蜘蛛猴除了作战时的方式特别以外，还是聪明的医生。当被猎人射伤时，它们会把箭拔掉，还会想办法止血呢。

动物原来是这样

岩羊

类目：哺乳纲偶蹄目牛科

体长：1~2米

与岩石为伴的动物

岩羊的体型中等，头小，眼大，耳朵小。雌雄都有角，雄性的角较粗。岩羊的背部为棕灰色或石板灰，接近岩石的颜色，腹部和四肢内部为白色，四肢的前面为黑色。岩羊栖息在海拔较高的地方。夏天的时候，岩羊结成小群，冬季时则结成大群活动。岩羊喜欢在黄昏时分活动，中午、夜间休息，以草、树叶等为食。

● 陡峭的山岩，你们敢来吗？

当敌害开始接近时，岩羊会迅速奔跑，它从来不会按照直线奔跑，而是在山岩之间来回穿梭。如果敌人依旧穷追不舍，它便迅速奔向高山裸岩地带，立身于陡峭的山岩间。光滑的岩石让敌人没有一点可以附着的空间，捕食者只能远远观望，过不了多久，就会灰头土脸地离开。

● 小岩羊学妈妈跳岩

岩羊居住在高危的山岩上，它们每天都要爬上爬下，即使是幼年的岩羊也要经历一样的危险。这时候，岩羊妈妈就会及时跑在前面给小岩羊带路。小岩羊的领悟力非常高，它会目不转睛地看着妈妈做每一个动作，牢牢记在心里。等到妈妈走过去之后，小岩羊就会按照刚

奔跑的健将

才妈妈的步伐一步步向前走,然后纵身跃步,以一个漂亮的三连跳到达妈妈的身边。

● 将树枝压低,吃新鲜树叶

岩羊喜欢吃树上的新鲜叶子,而且平衡力非常强。如果小岩羊吃不到树上的叶子,成年岩羊就会奋不顾身地跳到树枝上,用自身的体重将树枝压低,一点点地往下颤动树枝,树枝就会越来越低,让小羊吃到新鲜的树叶。

动物原来是这样

动物档案

羊驼

类目：哺乳纲偶蹄目骆驼科

体长：约2米

淡定自若的"羊兄弟"

羊驼生活在高原上，外形像绵羊，毛较长，光亮有弹性，羊驼喜欢群居，首领是健壮的雄羊驼。在繁殖期，雄羊驼之间争夺配偶的斗争非常激烈。经过驯养后的羊驼性情温顺，能通人性，时常帮助人们驮运物品。

● 优美的姿势是向同伴传递危险的信号

发现危险逐步逼近的时候，羊驼表现得淡定自若，不慌不忙，扭动自己的身体摆出姿势，摇晃自己的脑袋，摆动尾巴，姿态极其优美。羊驼做出这些动作，是为了向自己的同伴传递危险的信号，如果仍旧不能引起大家的注意，还会发出一阵阵柔美的如哼唱般的声音，同伴们听到这样的信息，就会立刻飞奔逃命的。

● 举办演唱会，玩耍、嬉戏、增进感情

羊驼彼此之间交流感情的平台非常特殊，它们的声音甜美、柔和，喜欢用哼唱的声音进行交流，时不时羊驼群就会汇集到一起，举办一场音乐会，大家在这个音乐会上玩耍、嬉戏，增进彼此之间的感情。

● 我们对人类很有吸引力

羊驼的全身被绒毛覆盖着，非常具有吸引力，正是借助这样的外表，它得到了人类的喜爱。每次牧羊人为羊驼剪毛的时候，都会难以抉择。因为看着那些已经被冲洗干净，而且没毛的伙伴，那些还没有被剪毛的羊驼就会不安地来来回回地走动，一刻不能停息。羊驼这样做是为了让牧羊人注意到自己，快点给它剪毛，但是很多羊驼这样乱动，却让牧羊人不知道该从哪个下手了。

动物原来是这样

貂熊

类目：哺乳纲食肉目鼬科

体长：80～100厘米

拥有致命臭腺的飞熊

貂熊的外形介于熊与貂之间，头大，耳小，背部弯曲，四肢强健，尾巴蓬松长大，弯而长的爪不能自由伸缩。身体的两侧有一条浅棕色的横带，从肩部开始一直延伸到尾部，形状与月牙极其相似，因此有"月熊"之称。

● 我会飞檐走壁

貂熊称得上是动物界中的绿林好汉，它不仅拳脚功夫了得，而且还会"飞檐走壁"，人送外号"飞熊"。我们且看它是怎么"飞檐走壁"的。原来貂熊长了一条蓬松的大尾巴，当它在林间快速穿越，或从高处向低处跳跃时，蓬松的尾巴就展开，借用空气的浮力来滑翔。因此，貂熊总是躲在树上，待猎物松懈时，一跃而下，而且它的爪子尖锐，猎物一旦被抓住，就等于命丧黄泉了。

● 敢和猎人PK

有些动物喜欢偷吃田里的庄稼，然而貂熊更厉害，常常偷盗人类的食物或毁坏人们的器物。猎人安装好的捕套器常常被它毁掉。看，躲在草丛中探头探脑的不就是貂熊吗！只见它蹑手蹑脚地接近捕套器，左瞧右看，只怕被猎人发现，等到时机成熟，就猛地扑上

奔跑的健将

去，把捕套器捣毁，然后一溜烟儿地跑掉了。

● 画个圈圈诅咒你

动画片《喜羊羊与灰太狼》中，潇洒哥的口头禅"画个圈圈诅咒你"成了经典。在动物世界里，也有能够画个圈圈保卫自己的家伙哦，这就是貂熊，只不过，它不是用手画的，它用的是自己的尿——一种不寻常的尿液。貂熊肛门附近有发达的臭腺，当被豺、狼、狗熊、东北豹等天敌追逐而不能逃脱时，貂熊会原地转个小圈，边转边撒尿，把自己围在尿圈内。貂熊的尿液充满类似"阿摩尼亚"的臭气，非常刺鼻，来犯的猛兽闻到后就会恶心，吸入会感到作呕及晕眩，严重者会伤害肝脏，貂熊则乘机逃脱掉了。

动物原来是这样

雪兔

类目：兔形目兔科

体长：50厘米左右

警惕性高的变色兔

雪兔是寒带和亚寒带的代表动物之一，耳朵和尾巴短小，是我国九种野兔品种中尾巴最短的。雪兔在冰河时代曾于欧洲广泛分布，之后随着冰河的后退逐渐迁移，如今在北极及其附近的冻原地带与阿尔卑斯山的高山地区生活着。

● **我在冬天能变白兔**

兔子是大家都很熟悉的一种动物，无论是它的外形，还是它的机灵，都非常惹人喜爱。雪兔是一种更加特别的兔子，为了适应环境，它给自己增加了一件保护衣。夏天，雪兔是棕褐色的，到了冬天，雪兔的毛色会变成白色，当它站在雪地里时，几乎和天地融为了一体，这时别说敌人了，恐怕同伴都互相找不到吧。

● **警惕狡猾，制造假象迷惑天敌**

雪兔会变色是一绝，然而它警惕狡猾的性格更是独特，实在不符合它那看上去有些笨笨、憨憨的样子。在雪地里，雪兔走过的地方会留下一串脚印，这就很容易显露出它的踪迹，所以聪明的雪兔从来都不沿着自己的足迹活动，它在自己的窝附近来回走动，留下许多杂乱的足迹，接近窝边时，先绕着圈子走，观察细听，然后慢慢地倒退着

奔跑的健将

进窝。不仅如此，当它要出家门时，还会制造假象迷惑天敌，免得大本营被发现。

● 一边逃跑一边跳

许多人都有在山上抓兔子的经历，往往都会空手而归，因为兔子闪得实在太快了，好像日本的忍者一样。雪兔便是其中的佼佼者，而且它还不是老老实实地在地上跑，而是一边跑一边跳，甚至能跃出地面一米以上，跳这么高是做什么呢？原来因为个子矮的缘故，想要看清逃跑的路有些困难，于是跳高了就能判断下一步往哪里逃了。在奔跑时，它还能突然止步，急转弯或跑回头路，杀敌人一个措手不及，因为脚下的长爪是刷子状的，在雪地上跑游刃有余，这样就能摆脱天敌的追击啦。

动物原来是这样

动物档案

金花鼠

类目：哺乳纲啮齿目松鼠科

体长：15～30厘米

随身携带饭盒的模仿达人

金花鼠属于杂食性动物，喜欢吃红萝卜、马铃薯、地瓜、菠菜、大白菜、蕃茄、小黄瓜、桂圆等，广泛分布于亚洲东北部、北海道地区。

● 我的饭盒在嘴里

金花鼠是松鼠家族中的老幺，小巧可爱，八面玲珑。不过别看它身体小，吃的可不少，而且它还是"吃不了揣着走的"那种。金花鼠的两颊内有两个富于弹性的袋子——颊袋，颊袋大得可以装进去多达7个橡子，就像随身带着一个饭盒一样把食物存在颊袋里，饿了，就拿出来吃一顿，或者把袋子里的食物拿到洞穴里去，是很方便。不管到了哪里都带着食物，这样的习惯就不会让金花鼠为找吃的而疲于奔命啦。

● 走可持续发展的道路

每到仲夏时节，金花鼠等到浆果和种子成熟后便开始收集食物，用那双灵巧的小爪子熟练地剥开浆果，只取种子然后满载而归。金花鼠会把种子带到各地，让它们自由发芽生长，所谓"前人栽树后人

奔跑的健将

乘凉"，子孙后辈们当然也是"吃水不忘打井人"啦，这种习惯会一直保持下去。

● 模仿达人

松鼠会用响尾蛇的气味掩盖自己的气味以此防身，金花鼠同样会"狐假虎威"，而且还有过之而无不及。金花鼠是"模仿达人"，声音是它们最好的武器，有一部电影就是讲几个金花鼠组成乐队唱歌的故事。当金花鼠感觉到要遇到伤害时，就会发出一种类似响尾蛇的声音来恫吓对方，惟妙惟肖，把敌人吓走，非常灵验，于是金花鼠总是能够化险为夷。光模仿声音还不够，它们还经常在死去的响尾蛇身上滚来滚去，以便沾上它的气息，这样就会更像了哟。